Schriften des Deutschen Wissenschafter-Verbandes
Heft 2

Der zweite Deutsche Wissenschaftertag in Frankfurt 1914 und die auf :: ihm gehaltenen Vorträge ::

Im Auftrage
des Vorstandes des Deutschen Wissenschafter-Verbandes
herausgegeben

von

E. Greeff
Oberlehrer in Barmen.

Springer Fachmedien Wiesbaden GmbH

ISBN 978-3-663-15575-1 ISBN 978-3-663-16147-9 (eBook)
DOI 10.1007/978-3-663-16147-9

Inhalt.

Vorwort.

Der Drucksatz dieser Schrift war bereits im Juli 1914 fertiggestellt. Da kam der Krieg. Alles geriet ins Stocken. Der D. W. B. teilte das Schicksal Deutschlands, er wurde in der schönsten Blüte vom furchtbarsten Sturm getroffen.

Das hindert echtes Leben nicht, immer wieder neu zu bauen. Wir besinnen uns mit der Herausgabe dieses Heftes darauf, was wir waren und wo wir standen. Das gibt unserem neuen Schaffen Mut und Ziel.

Die Zeit begünstigt unsere Bestrebungen; sie verlangt Ernst, Arbeit, Tüchtigkeit. Darum: Burschen heraus!

Der Herausgeber.

Barmen, im April 1919.

Der zweite Deutsche Wissenschafter-Tag, Frankfurt 1914.
Nach der Chargiertenauffahrt vor dem Römer.

× Se. Exz. Generalfeldmarschall Freiherr von der Goltz. ×× Oberbürgermeister Voigt.

I.

Der 2. deutsche Wissenschaftertag
Pfingsten 1914 zu Frankfurt a. M.

Während die erste Tagung des D. W. V. in Cassel 1912 im engeren Rahmen gehalten war, sollte der D. W. V. bei seiner zweiten Tagung in Frankfurt an die Oeffentlichkeit treten. Die Gelegenheit dazu war besonders günstig, weil Frankfurt im Begriff steht, eine Universität zu gründen. Die jüngste deutsche Universität kennen zu lernen würde aber manchen jungen und alten Akademiker locken, ganz abgesehen davon, daß Frankfurt an sich nach allen Richtungen hin Anziehendes in Fülle bietet. Für Frankfurt selbst aber würde die Tagung des zweitgrößten aller studentischen Verbände gleichsam die Eröffnung seines studentischen Universitätslebens bedeuten.

In dem Glauben an diese Gunst der Lage machte sich der Ortsausschuß in Frankfurt unter dem Vorsitz des ungemein rührigen Vorsitzenden der Frankfurter D. W. V.-Ortsgruppe, Herrn Oberlehrer A. Lorey, im Herbst vorigen Jahres ans Werk, die Tagung würdig vorzubereiten. Immer weiter wuchsen die Kreise dessen, was an geistigen und geselligen Genüssen geboten werden sollte. Das Entgegenkommen der Akademie, der Stadt, der Vortragenden feuerten Hoffnung und Arbeitsfreudigkeit immer aufs neue an, sodaß im Laufe weniger Wochen bereits eine glänzende Festordnung vorlag.

Aber was die hervorragende Tätigkeit des Ortsausschusses verhieß, wurde schließlich doch noch übertroffen von dem, was nun wirklich geboten wurde. Man kann wohl sagen, daß alles über Erwarten gut gelang, und dabei soll man nicht vergessen, daß auch der Himmel mit schönem Wetter gnädig war. Denn welcher Teilnehmer könnte sich seine Erinnerungen so glänzend denken, wenn es in den Frankfurter Tagen geregnet hätte, wenn man die herrliche Rheinfahrt z. B. bei kaltem und grauem Regenwetter hätte machen sollen?

Aber wir wollen die ganze Tagung noch einmal der Reihe nach an uns vorüber ziehen lassen.

Montag, den 1. Juni.

Am Montag strömten bereits aus allen Richtungen Deutschlands deutsche Wissenschafter nach Frankfurt. Am Bahnhof wiesen große Schilder oder Herren des Ortsausschusses zur Geschäftsstelle im Vorzimmer des Bahnhofs-Konferenzsaales. In dem freundlichen, großen

Raum war alles aufs beste eingerichtet. Man erhielt dort Teilnehmerkarten, die endgültige Festordnung, Führer durch Frankfurt und manches andere. Wer um Besorgung von Unterkunft gebeten hatte, erhielt hier Wegweisung; wer nicht wußte, wo er sein Haupt hinlegen sollte, bekam hier beste Auskunft. Mit dem angenehmen Gefühl, daß alles auf eine große Tagung deute und in bester Ordnung sei, ging man dem entgegen, was da kommen sollte. Der eine besah sich Frankfurt, der andere besuchte Freunde und Verwandte, und der dritte ging dorthin, wo sich die Angehörigen der verschiedenen im D. W. V. vereinigten Verbände treffen wollten, um die Liebe zur engeren Verbandsfamilie, alte Erinnerungen und Freundschaften zu pflegen. Und schön war's, wenn man in trauter Runde alte und neue Freunde werten lernte. Verbandsliebe und -stolz blühten und unversehens mit ihnen eine dankbare Anhänglichkeit an den D. W. V., der diese Pflege der einzelnen Verbände gefördert hatte.

Inzwischen arbeitete von 3—6½ Uhr der **Vorstand** in angestrengter **Sitzung** zum Wohl des D. W. V. Es sei der Herren, die in diesen Tagen der allgemeinen Freude recht viel Arbeit hatten und sich aller Mühe ohne Murren unterzogen, dankbar gedacht. Diese Arbeit trug aber auch die schönsten Früchte, die man sich nur wünschen kann: der Vorstand, in dem jeder Verband durch mindestens einen Aktiven und einen Alten Herren vertreten ist, wurde sich wieder seiner vollen Einhelligkeit bewußt. Besonders wohltuend wird es alle D. W. V.er berühren, wenn sie hören, daß man in allen grundsätzlichen Fragen Einigkeit erzielte. Man spürte deutlich, daß hier Männer, die doch das Interesse ihrer Sonderverbände zu wahren hatten, mit voller Ueberzeugung dem D. W. V. anhingen und für ihn arbeiteten, eben weil sie erkannten, daß er ganz und gar dem Interesse der Unterverbände dient, und daß irgend eine Gefahr von ihm aus den Verbänden nicht droht, da er unerschütterlich an dem Grundsatz festhält, in die Angelegenheit der Verbände in keiner Weise einzugreifen.

Die Zahl der Festteilnehmer war im Laufe des Nachmittags immer mehr gewachsen. Wieviel Anmeldungen bereits am Montag vorlagen, erkennt man daran, daß noch im letzten Augenblick mit raschem Entschluß ein größerer Saal für den Begrüßungsabend gewonnen werden mußte. Der große Saal des Kaufmännischen Vereins war denn auch tatsächlich gegen 9 Uhr abends gefüllt, als die Feierlichkeiten dieser Tage mit der Begrüßung im engeren Kreise ihren Anfang nahmen. Schöne Stunden verlebten die Versammelten. Herr Oberlehrer Lorey begrüßte die Erschienenen mit herzlichen Worten. Frau Professor Thilde Dohse, Fräulein Sophie Eller, Frau Aenne Frölich erfreuten die Versammlung durch schönen Gesang, den Oberlehrer Schwartze vortrefflich begleitete. In einer längeren Ansprache erörterte Herr Pfarrer Rohleder (E. K.) das Thema: „Der Grundgedanke des Deutschen Wissenschafter-Verbandes und die Kulturbewegung der Gegenwart.“ Ferner trugen mehrere Verbandsbrüder Lieder, Gedichte und launige Geisteserzeugnisse vor. Die Teilnehmer werden sich mit besonderer Freude an Professor Dohse und seinen prächtigen Humor erinnern.

Dienstag, den 2. Juni.

Der zweite Juni, ein Dienstag, bildete den Hauptfesttag. Früh schon mußten sich diejenigen vom kurzen Schlaf erheben, die an einer der zahlreichen, in der Festordnung verheißenen Führungen und Besichtigungen teilnehmen wollten. Pünktlich um ½9 Uhr mußte jeder zur Stelle sein; denn viel Zeit stand nicht zur Verfügung, da bereits ½11 Uhr alles in der Akademie sein mußte. So hörte man denn auch später über die zahlreichen und vortrefflichen Führungen nur die eine Klage, daß man bei der Eile das Gute nicht so hätte genießen können, wie es Führer und Gegenstand verdient hätten. Und das kann man sehr wohl begreifen, wenn man sich noch einmal vergegenwärtigt, was geboten wurde:

a) Alt-Frankfurt, Architekt Prof. Dr. Hülsen,
b) Osthafenfahrt, Diplom-Ingenieur Böhl,
c) Chemisches und Physikalisches Institut, Sternwarte und Meteorologische Beobachtungsstation, Prof. Dr. Brendel (D. W. V.), Prof. Dr. Freund, Dr. F. Linke (D. W. V.) und Prof. Dr. Wachsmuth (D. W. V.),
d) Senckenbergisches Naturhistorisches Museum, Prof. zur Straßen, Direktor des Museums,
e) Spielplatzanlage des Frankfurter Turnvereins, Dr. Waßmuth (D. W. V.), Vorsitzender des Frankfurter Turnvereins,
f) Städtisches Historisches Museum, Prof. Dr. Müller (D. W. V.), Direktor des Museums,
g) Städtisches Völkermuseum, Hofrat Dr. Hagen, Direktor des Museums.

Alles ist programmäßig verlaufen.

Um 10½ Uhr war die Aula der Akademie angefüllt mit D. W. V.ern und Gästen, die der feierlichen Eröffnung des 2. D. W. V.-Tages beiwohnen wollten. Der Vorsitzende des Verbandes, Herr Oberlehrer Greeff-Barmen, eröffnete die Tagung mit einer Begrüßung der Ehrengäste:

„Hochwerte Versammlung! Sehr geehrte Damen und Herren!

Im Namen des Verbandes eröffne ich die zweite Tagung des D. W. V. Ich habe die große Ehre, eine Anzahl hochansehnliche Ehrengäste zu begrüßen. Se. Exz. der Generalfeldmarschall Frhr v. d. Goltz (lebh. Beifall) hat uns die hohe Ehre erwiesen, zu unserer Tagung zu erscheinen. Der freudige Beifall der Versammlung hat gezeigt, daß ich in ihm den allbekannten und geliebten Förderer der Jugendpflege in unserem deutschen Volk begrüßen darf. (Beifall.) Ich bringe Ew. Exz. den allerherzlichsten Gruß entgegen. Als ein Mitkämpfer in der Sache der deutschen Jugend ist auch Se. Exz. der Generalleutnant Dreßler erschienen, den ich hiermit ebenfalls herzlich begrüße. Dann habe ich noch die Freude, einer Anzahl von Vertretern militärischer und staatlicher Behörden unseren Willkomm entgegen zu bringen. Es sind das der Geh. Reg.-Rat Dr. De La Fontaine, der 1. Staatsanwalt Dr. Blume, Reg.-

Rat v. Jensky, der Herr Kgl. Gewerbeschuldirektor Prof. Brunner, Kgl. Gewerberat Geisler, Herr Direktor Dr. Willecke. Es ist mir eine angenehme Pflicht der Dankbarkeit, die Herren Vertreter der Akademie, die uns hier Gastrecht gewährt, begrüßen zu dürfen. Ganz besonders begrüße ich den derzeitigen Rektor der Akademie, Prof. Dr. Wachsmuth, den treuen Freund und Förderer unserer Sache. Ebenfalls sind aus dem Dozentenkollegium die Herren Professoren Gudental und Lorch gekommen. Ich danke ihnen herzlich, ebenso dem Vertreter des Physikalischen Vereins, der, wie ich gehört habe, ein wichtiger Bestandteil der zukünftigen Universität sein wird, Herrn Geheimrat Dr. Gans. Von auswärtigen Vertretern habe ich zu meiner hohen Freude zu begrüßen mit Danksagung für die Ehre, die uns zuteil geworden ist, den Herrn Vertreter Sr. Magnifizenz des Rektors der Universität Marburg Prof. Dr. Leonhardt. Leider haben einige Vertreter anderer Universitäten zu ihrem Bedauern sich entschuldigen müssen; sie haben zu unserer Tagung herzliche Wünsche übermittelt. Die Vertreter der Stadt Frankfurt begrüße ich aufs ehrerbietigste. In Vertretung des Herrn Oberbürgermeisters ist gekommen Herr Stadtrat Professor Dr. Stein, den ich bitte, unsern dankbaren Gruß weitergeben zu wollen. Es sind ferner als würdige Vertreter der Stadt erschienen Herr Stadtrat Professor Dr. Goll, Herr Stadtrat Dr. Saran, Herr Stadtschulrat Dr. Lucken. Sodann habe ich noch eine Reihe von weiteren Ehrengästen zu begrüßen und ihnen herzlichst zu danken, daß sie zu unserem Tage erschienen sind. Es sind das die hochverehrten Herren Medizinalrat Dr. Klingelhöfer, Militärpfarrer Rosenfeld, Hauptmann Frhr. v. Seckendorff, Siezewitz, Prof. Dr. Nuic, Prof. Dr. Werhold.

Auch heiße ich alle Mitglieder und Gäste unseres Verbandes, die sich zumteil von recht weit her hierher bemüht haben, aufs allerherzlichste willkommen und spreche ihnen den Wunsch aus, daß sie mannigfache und wertvolle Anregungen von unserem Tag mit hinaus nehmen möchten. Ich hoffe, daß sie dabei den Eindruck mit nach Hause nehmen, daß unser noch ganz junger Verband dazu berufen sein wird, der deutschen Wissenschaft und damit dem deutschen Volke große Dienste zu leisten.

Unser erster und letzter Gedanke soll aber — ich kann mich dabei auf unsere Satzung berufen — unser liebes deutsches Volk sein. Das bewegt mich dazu, daß ich die hohe Versammlung um Genehmigung dazu bitte, an den geliebten Förderer und Führer unseres Volkes, Se. Maj. unseren Kaiser, folgendes Huldigungstelegramm zu senden: „Ew. Majestät, dem unermüdlichen Förderer der Wissenschaft, dem erhabenen Gönner der akademischen Jugend und dem machtvollen Freunde alles deutschen Aufwärtsstrebens, huldigt bei seiner zweiten Tagung in Frankfurt der Deutsche Wissenschafterverband." (Lebhafter Beifall.)

Darauf entbot der Rektor der Akademie, Herr Professor Dr. Wachsmuth, als gastlicher Hausherr den Verbänden den Willkomm der Akademie:

„Meine Damen und Herren! Kommilitonen!

Im Namen der Verwaltung und des Dozentenkollegiums der Akademie habe ich die Freude, Ihre Versammlung heute hier willkommen zu heißen. Ihr Kongreß paßt wie kein anderer in den Rahmen unserer Akademie hinein, ist er doch der deutschen Jugend gewidmet. Mit besonderer Wärme begrüße ich deshalb das erste Thema Ihrer Versammlung, das nachher Se. Exz. der Herr Generalfeldmarschall uns vortragen wird. Wie sehr hat sich in den letzten 100 Jahren das Leben verändert. Mit den Fortschritten der Technik, mit dem Telefon, der Eisenbahn und dem Telegraph ist alles anders geworden. Nicht daß vielleicht unsere Eltern weniger arbeitsam gewesen wären. Aber sie haben mit Ruhe arbeiten können. Heute ist an deren Stelle eine Unruhe, eine nervöse Hast getreten, so daß man gezwungen ist, darüber nachzudenken, was aus unseren Kindern, aus unseren Enkeln werden soll, wie sie die Unruhe werden tragen können. Und gerade da tritt die Bewegung ein, an deren Spitze Se. Exz. steht; sie sorgt für eine Erstarkung unserer Jugend: Was der Knabe pflegt, wird er als Student fortführen. So zeigt sich ja jetzt an unseren deutschen Universitäten an der Seite der Pflege der Wissenschaft eine besondere Pflege des Sportes. Unsere kommende Universität Frankfurt wird darin nicht zurückbleiben hinter ihren älteren Schwestern. Im Gegenteil, es soll gerade hier eine besonders lebhafte Pflege des Sportes eintreten. Daß auch die Wissenschaft dabei nicht zu kurz kommen wird, hoffe ich, haben Sie bereits bei Ihrem Rundgang durch die dem alten Gebäude der Akademie angegliederten Institute und in der neuen Stiftung vereinigten Gesellschaften gesehen. Noch ist nicht alles vollendet; weit dehnt sich das Haus. Aber seien Sie überzeugt, wenn der Oktober gekommen sein wird, werden wir sicher gerüstet sein. Noch einen besonderen Gruß entbiete ich persönlich hier den Bundesbrüdern. Ich bin stolz darauf, mich als einen der Ihrigen zu bekennen. (Beifall.) Möchte die Verbindung von Wissenschaft und Frohsinn, die in meiner Jugend bei Ihnen gepflegt worden ist, immerdar bei Ihnen erhalten bleiben. (Lebhafter Beifall.)

Als Vertreter der Stadt Frankfurt richtete Herr Stadtrat Professor Dr. Stein folgende Begrüßungsrede an die Versammlung:

„Hochverehrte Festversammlung!

Im Namen und Auftrag des Magistrats unserer Stadt Frankfurt heiße ich Sie herzlich willkommen. Wir sehen in Ihrem Besuch eine besonders festliche und bedeutungsvolle Einleitung für die kommenden Ereignisse dieses Jahres. Verkörpern Sie doch in Ihrem Verbande eine universitas litterarum, die wir in diesem Herbste in Frankfurt entstehen sehen und erhoffen wollen. Frankfurt hat von jeher den Ruhm und den Ruf, zu den Wissenschaften und Künsten in etwas eigentümlichem Verhältnis zu stehen. Große Frankfurter, geistige Größen waren immer bereit, von Frankfurt den Verdacht auszusprechen, daß Frankfurt mehr zu dem Handels- und praktischen Leben, als zu den Wissenschaften und Künsten in näherem Verhältnis stehe. Ich möchte nun an unseren größten Frankfurter erinnern, an Goethe, der ja gesagt hat:

„Frankfurt hat mehr Neigung zu den Handlungen als zu den Wissenschaften." Aber ist dies recht so? Hat nicht dieses Frankfurt die rechten Grundlagen für das immerwährende Blühen der Wissenschaften und der Künste geliefert? Hat es nicht die finanzielle und ökonomische Grundlage geschaffen für den Trieb geistigen und wissenschaftlichen Lebens, der doch allezeit in Frankfurt lebendig gewesen ist? Ist nicht in dieser pessimistischen Charakteristik das Frankfurter Geistesleben vielleicht etwas herabsetzend beurteilt? Hat die ganzen Jahrhunderte hindurch bis auf den heutigen Tag Frankfurt sich nicht auch in den Wissenschaften und Künsten betätigt? Ist nicht in jedem Frankfurter etwas von Goethe vorhanden und ist nicht in jeder echten Frankfurterin etwas von Goethes Mutter, dieser prächtigsten aller deutschen Frauen, vorhanden?

Ich brauche nicht daran zu erinnern, was Frankfurt geschichtlich bedeutet. Auf jeglichem Gebiet der Wissenschaft ist Frankfurt vertreten gewesen. Ich erinnere die Theologen an Spener, die Juristen an Savigny, die Historiker daran, daß hier in Frankfurt die Grundlage der Monumenta Germaniae gelegt worden ist. Die Naturwissenschaftler mögen an die Senckenbergische Gesellschaft und an den Physikalischen Verein denken. So ist allezeit Frankfurt praktisch tätig gewesen in Handel und Verkehr, aber hier hat man auch allezeit ein nahes Verhältnis gehabt zu den Wissenschaften und Künsten. Und alles, was bisher nur vereinzelt nebeneinander hergegangen ist, das hoffen wir zusammenzufassen zu einer Einheit und, wie gesagt, wir sehen in Ihrem Erscheinen die rechte und bedeutungsvolle Einleitung zu diesem großen Ereignis, und der Wunsch der Stadt Frankfurt geht dahin, daß der Pfingstgeist auch an Ihnen seine Wunderkraft betätigen möge, daß Sie in dieser Zeit neben ernster fördernder Arbeit auch frohe Stunden erleben mögen, und daß Ihr Frankfurter Aufenthalt für Sie alle eine Zeit frohen Erlebens sein möge." (Lebhafter Beifall.)

Die einleitenden Reden schlossen mit einer Ansprache des Vorsitzenden des Ortsausschusses und der Ortsgruppe Frankfurt, Herrn Oberlehrer Lorey:

„Hochansehnliche Festversammlung!

Sehr geehrte Damen und Herren!

Es ist mir eine ganz besondere Ehre, Sie im Namen des Ortsausschusses zur Vorbereitung des Zweiten D. W. V. Tags und im Namen der Ortsgruppe Frankfurt a. M.-Offenbach herzlich willkommen zu heißen zur Zweiten Tagung unseres D. W. V.

Noch vor kurzem wußte kaum jemand Bescheid, wenn vom D. W. V. gesprochen wurde. Heute sprechen weite Kreise nicht nur hier in Frankfurt, sondern in unserm großen deutschen Vaterlande von uns. Wer hat diesen D. W. V. gegründet und woraus setzt er sich zusammen?

Schon in den 50er Jahren des vorigen Jahrhunderts wurden an deutschen Universitäten fachwissenschaftliche Vereine gegründet, die bezweckten, daß sich die Mitglieder durch regen Gedankenaustausch, durch Vorträge, durch wissenschaftliche Unterstützung in ihren Studien fördern sollten. Bald kam es dahin, daß sich Vereine, die dieselbe Fakultät an den verschiedenen Universitäten vertraten, zu fachwissenschaftlichen Verbänden zusammenschlossen. So sind im Laufe der Zeit die unsrem D. W. V. angehörenden Einzelverbände entstanden. Sehr bald sah man aber in unsren eignen Verbänden ein, daß trotz der großen Vorteile unsre Verbindungen auch einen Nachteil hatten: wir waren zu einseitig. Aus dieser Erkenntnis kam man schon früh dazu, an den einzelnen Universitäten Verbände der dort bestehenden fachwissenschaftlichen Vereine zu gründen, um dadurch der unsren Vereinen auch von andrer Seite zum Vorwurf gemachten Einseitigkeit entgegenzuwirken. Schon bald erhoben sich dann Stimmen, die dafür eintraten, die fachwissenschaftlichen Verbindungen aller deutschen Hochschulen in einem großen Verband zu vereinigen. Die verschiedenen, zum Teil frühen Anregungen scheiterten aber an der Verschiedenartigkeit der Einzelverbände, die auf Grund ihrer Geschichte auf ganz verschiedenen Stufen korporativer Entwicklung standen. Aber mit der Zeit mehrten sich diese Stimmen zur Einheit immer mehr, je mehr es den einzelnen kleinen Verbänden und Verbindungen schwer wurde, sich gegenüber den andren großen nichtfarbentragenden und farbentragenden Verbänden zu behaupten. Im Jahre 1909 trat nun eine Anzahl Herren, besonders im Wuppertal, zusammen, um diesen großen Gedanken mit Hilfe gleichgesinnter Streiter in die Tat umzusetzen. Die Schwierigkeiten waren besonders große, insofern es hier zum ersten Male galt, Verbände, die zum Teil auf einer 40—50jährigen Geschichte fußten und eine eigenartige Entwicklung durchgemacht hatten, zu einem großen Gesamtverband zu verschmelzen. Der treuen Hingabe einer Anzahl von Männern, ihrer Zähigkeit und Beharrlichkeit trotz vielfacher großer Widerstände haben wir es zu verdanken, daß wir heute als D. W. V. bestehen, dessen Organisation von den andern Verbänden mit Achtung betrachtet, ja bewundert wird. In der studentischen Geschichte Deutschlands ist es eine neue, große Tat gewesen, derartige in ihrer Eigenart feste Verbände zu einem großen Verband zu vereinen. Darum, meine Damen und Herren, ist es für uns heute eine Pflicht der Dankbarkeit, der Herren zu gedenken, die diese große Tat vollbracht haben. Ohne sie wäre unsre heutige Tagung nicht möglich. In dieser weihevollen Stunde erscheint es mir angebracht, die Namen wenigstens einiger der Männer zu erwähnen, die uns durch ihr kraftvolles Wirken zu diesem hohen Ziele geführt haben.

Ich nenne vor allem die uns allen wohlbekannten Namen: Lietzmann, Külz, Päckelmann, Strunck, Hellwig, Grebe, Wüllenweber, Tenhaeff, Conen, Meyer, Baer, Kleene, Greeff. Wir haben ja die Freude, die meisten dieser Herren als tapfere Mitarbeiter auch heute unter uns zu sehen. Ihnen allen und vielen andren, die ich nicht mit Namen nennen kann, sei für ihre Tätigkeit unser aller herzlichster Dank ausgesprochen.

Seit der Gründung des D. W. V. sind kaum vier Jahre ins Land gegangen, und heute schon sind wir hier versammelt, um die erste große Tagung unsres Verbandes in den gastlichen Mauern der jüngsten deutschen Universitätsstadt zu feiern. Wahrlich, wir können stolz darauf sein, wie sich das Bäumlein in der kurzen Zeit entwickelt hat. 12 000 alte Herren und 2500 Aktive und Inaktive sind in den 80 alle Fakultäten umfassenden Verbindungen unsres Verbandes vereinigt. Ueberall zeigt sich reges Leben, und eine Reihe von Männern ist freudig hervorgetreten, um für unsre Grundsätze mit wirken zu helfen.

Die Wichtigkeit der Vereinigung der fachwissenschaftlichen Vereine hat sich gerade bei den Vorbereitungen zum Zweiten D. W. V.-Tag klar gezeigt. Von dem Augenblick an, wo der Beschluß gefaßt wurde, die Tagung in unsrer Stadt abzuhalten, ist uns von allen Seiten nur herzliches Entgegenkommen gezeigt worden. Die Akademie, an deren Spitze soeben Herr Prof. Wachsmuth steht, der unsrer Tagung von Anfang an das größte Interesse entgegengebracht und uns stets mit seinem bewährten Rat zur Seite gestanden hat, erklärte sich sofort gerne bereit, uns die Tore für unsre wissenschaftlichen Vorträge zu öffnen. Der Magistrat der Stadt Frankfurt a. M. hat mir durch sein hochverehrtes Oberhaupt, Herrn Oberbürgermeister Voigt, der in dieser Stunde leider verhindert ist, hier zu sein, mitteilen lassen, daß die Stadt gerne bereit ist, nicht nur unsren Vorstand und Ortsausschuß zu empfangen, sondern allen Teilnehmern einen Empfang in den altehrwürdigen Räumen des Römer zu gewähren, und beide Herren sind unsrem Wunsche, den Ehrenvorsitz unsrer Tagung zu übernehmen, bereitwilligst entgegengekommen. Um unsre Mitglieder, getreu unsren Grundsätzen, in ihrer geistigen Weiterbildung und Entwicklung zu fördern, haben wir uns wegen der Vorträge an Männer gewandt, deren Namen in unsrem Vaterlande oder in unsrer Stadt einen guten Klang haben. Ganz besonderen Dank schulden wir dem Manne, der sich so hervorragende Verdienste um die nationale Ertüchtigung unsrer deutschen Jugend erworben hat und täglich immer wieder erwirbt, unsrem hochverehrten Herrn Generalfeldmarschall Freiherrn von der Goltz. Wir sind sicher, daß seine Ausführungen und seine Aufforderung zur Mitarbeit in unsern Kreisen auf fruchtbaren Boden fallen werden.

Herzlicher Dank gebührt auch unseren Verbands-Alten-Herren, Seiner Magnifizenz dem Herrn Rektor der Universität Gießen, Herrn Professor D. Eck, und Herrn Professor Dr. Voigt. Weiter danken wir Herrn Stadtrat Professor Dr. Stein, der uns heute hier im Namen der Stadt so freundlich bewillkommnet hat, Herrn Hauptmann Frhrn. v. Seckendorff, und unserm Vb. Oberlehrer Dr. Päckelmann, einem der Gründer unsres Verbandes, und Oberlehrer Dr. Gagelmann.

Um die Führungen haben sich eine Reihe von hervorragenden Persönlichkeiten Frankfurts verdient gemacht, deren Namen ich hier nicht alle aufzählen kann.

Wir danken auch der Presse, die über unsre Bestrebungen stets gerne berichtet und uns so in wertvoller Weise unterstützt hat, und dann schulden wir tiefen Dank allen den Bb. Bb., die mich bei den Vorbereitungen der Tagung so trefflich und tatkräftig unterstützt und beraten haben.

Nun sind Sie, hochverehrte Damen und liebe Verbandsbrüder, aus freien Stücken hierhergeeilt, um durch Ihre Teilnahme an der Tagung vor aller Augen kund zu tun, daß Sie mit Begeisterung unsrer Fahne folgen. Möge die Begeisterung für unsre gute Sache durch Sie in immer weitere Kreise unsres Verbandes getragen werden, damit unser D. W. V. sich ebenso rasch und gedeihlich weiter entwickeln möge, wie dies bisher geschehen ist.

Ihnen allen aber, hochverehrte Damen und Herren, sage ich nochmals herzlichen Dank für Ihr Erscheinen und entbiete Ihnen ein herzliches Willkommen in der alten Kaiserstadt und jüngsten deutschen Universitätsstadt." (Lebhafter Beifall.)

Nach kurzer Pause ergriff Se. Exzellenz der Herr Generalfeldmarschall Dr. Frhr. von der Goltz das Wort zum Hauptvortrag der Tagung über das Thema: „Der Student und die Jugendbewegung". (Vergl. den zweiten Teil dieses Heftes, Seite 28.) Die große Versammlung folgte den Ausführungen des weithin im deutschen Volke bekannten und beliebten Feldmarschalles mit größter Aufmerksamkeit. Reicher Beifall lohnte den Redner, dessen Frische nichts von seinem hohen Alter merken ließ.

Der größere Teil der Versammelten brach nach dieser Rede leider auf, um nicht unmittelbar und im letzten Augenblick von der Akademie zum Römer zum Empfang durch die Stadt Frankfurt eilen zu müssen. Diese übrigens ungerechtfertigte Besorgnis hat manchen D. W. V.er um einen hochinteressanten, aus einer Fülle von Material sorgsam aufgebauten Vortrag gebracht, in dem Herr Prof. Voigt zeigte, wie die neugegründete Universität Frankfurt allmählich aus den verschiedenen wissenschaftlichen Instituten hervorgewachsen ist. (Siehe Seite 33.) Dem Redner wurde der herzliche Dank des Verbandes durch lebhaften Beifall ausgedrückt.

Inzwischen war die Auffahrt der Chargierten vorbereitet worden. Frankfurt sollte zum ersten Mal das bunte Bild studentischer Festlichkeit in größerem Umfang sehen. Etwa 40 Wagen fuhren von der Akademie aus durch die Stadt zum Römer. Es war ein Bild von mittelalterlicher Farbenfreudigkeit. In mannigfaltiger Tracht und buntem Farbenwechsel kamen die jugendfrohen und zum großen Teil recht stattlichen Burschen mit Fahnen und Degen an. Auf der Treppe des Römers bildeten die Ehrengäste und der Vorstand des D. W. V. eine Gruppe, die umrahmt wurde von der großen Schar der Chargierten und Fahnen. So gut es beim grellen Sonnenlicht möglich war, hat der Photograph diesen Augenblick festgehalten, wie das voranstehende Bild beweist.

Inzwischen hatte sich der größte Teil der Damen und Herren im denkwürdigen Kaisersaal des Römers versammelt. Kopf an Kopf erwartete man das Oberhaupt der Stadt Frankfurt, Herrn

Oberbürgermeister Voigt, der dann auch bald mit seinen Ehrengästen erschien, um die Versammlung mit folgender Rede zu begrüßen:

„Meine Damen und Herren!

Deutscher Wissenschafter-Verband! Welch' weit umspannendes und welch' gebietendes Wort! Wenn uns Deutschen von unseren Nachbarn und von den Völkern des Auslandes manchmal ein reiches Maß von Mißtrauen und Unfreundlichkeit erwiesen wird, wohl nicht zuletzt aus dem Grunde, weil wir nicht den leichten Sinn und die gewandte Art anderer Nationen haben, so ist doch bei der Kritik deutscher Wissenschaft auch dem Ausland der Tadel meist, der Spott immer verstummt. Die Tiefgründigkeit deutscher Forschergeister und die systematisch durchdachte und bis ins einzelnste ausgearbeitete Vorbereitung der akademischen Berufe in Deutschland sind immer Gegenstand der Anerkennung des Auslandes gewesen, oft das Vorbild. Freiheit erstrebt die deutsche Nation heute mehr als früher, auch andere Lebensgüter und ideale Werte in Kunst und in den Leibesübungen. Im Welthandel und insbesondere in der Technik greifen die Deutschen jetzt selbstbewußt und kühn nach den Lorbeeren, die bis noch vor kurzem von anderen Nationen als selbstverständlich für sich allein in Anspruch genommen wurden.

Und das ist gut so für den Deutschen. Aber „Am guten Alten in Treue halten" ist doch ein recht Wort und um so richtiger gebraucht, wenn es sich um die Anwendung auf die deutsche Wissenschaft handelt. Und daß diese Wissenschaft immer noch das rechte Banner ist, um das sich die Kommilitonen scharen, das zeigt die große Zahl von fast 15 000 Mitgliedern Ihres Verbandes, die sich gelobt haben, sich gegenseitig zu stützen auf den nicht immer ebenen Wegen der akademischen Freiheit und auf dem stets steilen Wege zu den Höhen der Wissenschaft. Daß Sie, meine Herren, Ihr Banner in diesen Tagen in der Stadt Frankfurt entrollt haben, dafür danke ich Ihnen herzlich, und daß Sie neben der Abwicklung Ihres ernsten, wissenschaftlichen Programms auch noch Zeit gefunden haben und finden werden zu frohem studentischen Treiben und zu dieser stattlichen Chargiertenauffahrt, die wir eben gesehen haben, das wird Ihnen, wie Sie wohl gemerkt haben, die Sympathie, die Zuneigung unserer im Grundcharakter frohsinnigen Bevölkerung gesichert haben.

Aber meine Herren, Sie haben der Bevölkerung auch noch ein frohes Zukunftsbild mit Ihrer Auffahrt gegeben, ein Bild von dem äußeren studentischen Leben der künftigen Universität Frankfurt a. M. Daß die Stadt Frankfurt den glühenden Ehrgeiz gehabt hat, unter die deutschen Städte mit Universitäten aufgenommen zu werden, das wird, meine Herren, in Ihren Kreisen ja wohl volles Verständnis finden. Auch für das Ansehen der deutschen Wissenschaft ist es überaus wichtig, daß die Anregung und der jetzt in die Tat umgesetzte Wunsch dazu aus einer Stadt gekommen ist, die bisher immer als eine schöne Stadt behaglichen Wohnens, behaglichen Lebens und eine fleißige Kaufmannstadt bekannt war. Aber gerade die Kaufmannschaft hat in Frankfurt im Verein und unter der Führung der akademischen Kreise immer lebhafte Beziehungen zur Wissenschaft gehabt und sie hat dieses Verhältnis, dieses Ziel nicht allein erfaßt, sondern auch durch erhebliche Stiftungen gefördert und betätigt. Ich brauche im Kreise deutscher Wissenschafter nur einige Namen zu nennen, die Dr. Senckenbergische Naturforschende Gesellschaft, den Physikalischen Verein, die Akademie für Sozial- und Handelswissenschaft und viele andere. Mit den vielen Bausteinen, die gemeinnützige Bürger zur Universität zusammengebracht haben, hat dann ein genialer und geschickter Bauleiter, mein Amtsvorgänger Adickes, auf dem festen Grunde dieser wissenschaftlichen Institute das Werk der Universität vollenden können, dem hierfür Frankfurts Geschichte ewig zu danken wissen wird.

Meine Herren! In dieser Stadt werden Sie nicht allein als frohe Studenten von ganzem Herzen aufgenommen, sondern noch weit mehr als Wissenschafter und als Deutschlands Wissenschafter. In diesem Saale, in dem den deutschen Kaisern im alten Reiche zuerst gehuldigt wurde, werden die deutschen Wissenschafter vom Magistrat der Stadt Frankfurt empfangen. Seien Sie uns in Frankfurt und hier im Römer herzlich willkommen. Nehmen Sie unseren Dank entgegen, daß Sie uns in Frankfurt und hier in unserem Rathaus besucht haben, und seien Sie überzeugt von der Aufrichtigkeit des Wunsches, den wir für Sie haben, und der auch in Ihnen lebendig ist: Vivat, crescat, floreat, die deutsche Wissenschaft und ihr Förderer, der Deutsche Wissenschafter-Verband!' (Lebhafter Beifall.)

Der D. W. V.-Vorsitzende, Oberlehrer Greeff, erwiderte diese Begrüßung und stattete der Stadt Frankfurt unter dem Beifall aller Anwesenden den herzlichsten Dank des Verbandes ab.

Nunmehr führte Herr Oberbürgermeister Voigt die Ehrengäste in den großen Bürgersaal des Römers, wohin sämtliche Versammelten folgten, um sich von der gastfreien Stadt Frankfurt bewirten zu lassen. Wer schon gehört hatte, daß die Stadt Frankfurt eine überaus freigebige Gastgeberin sei, fand seine Erwartungen doch noch übertroffen. Ströme des edelsten Weines aus den städtischen Weinbergen und Kellereien flossen zu Ehren der Bewirteten und zum Ruhm der spendenden Stadt. Wer die Berge von belegten Broten, italienischen und deutschen Salaten, Torten und Früchten usw. gesehen hat, der fragte sich: Wer soll das alles verzehren? Es war aber noch keine Stunde vergangen, da hatten die deutschen Studenten und die, die es gewesen waren, diese Frage schlagend beantwortet und gezeigt, was ein gesunder Jugendhunger und -Durst vermögen. Lieb' Vaterland, magst ruhig sein! — Aber es waren auch etwa 500 Menschen gewesen, die Frankfurts großzügige Gastfreundschaft genossen hatten.

Während viele Festteilnehmer nach dieser schönen Stunde im Römer einen Ausflug nach Bad Homburg und der Saalburg machten, mußten die offiziellen Vertreter zu ernster und langdauernder Arbeit zusammentreten. Die Vertreterversammlung dauerte von 3—7½ Uhr. Der Bericht der Ausschüsse und Aemter gab ein Bild von der überaus regen Tätigkeit des Vorstandes, dem Entlastung erteilt wurde. Bei dieser Gelegenheit wurde der Aussprache über allerlei Wünsche und Anregungen Raum gegeben. Solche Aussprache ist vielleicht das Wichtigste an der Vertreterversammlung, und es ist nur zu bedauern, daß nicht auch das ganze Jahr hindurch mehr Wünsche und Anregungen an den Vorstand zur gelegentlichen Berücksichtigung gelangen. Es ist unmöglich, an dieser Stelle auf die ausgedehnten und mannigfaltigen Erörterungen der Vertreterversammlung einzugehen. Es sei hier nur auf die wichtigsten Beschlüsse hingewiesen:

1. Der Akademisch-Juristische Verein München ist in den D. W. V. aufgenommen worden.
2. Der D. W. V. ist dem Jungdeutschlandbund mit einem Jahresbeitrag von 30 ℳ beigetreten.
3. Als Ort für die nächste Tagung des D. W. V. ist Leipzig in Aussicht genommen.
4. Als zugewählte Mitglieder des Vorstandes fanden die einstimmige Bestätigung der Versammlung: Liepmann, Wüllenweber, Lorey, Silberbach, Michel, Rumpf und Grosch.

Nach den Anforderungen, die der Tag bereits gestellt hatte, und die noch weiter an die Vertreter durch den Kommers gestellt werden sollten, muß es besonders rühmend und dankbar hervorgehoben werden, daß die Herren Vertreter so lange ausgehalten haben.

Der große Festkommers gestaltete sich zu einer wirklich glanzvollen Kundgebung studentischen D. W. V.-Geistes. Die Behauptung, noch nie einen schöneren studentischen Kommers erlebt zu haben, wird wohl nicht vereinzelt geblieben sein. Es ist nicht leicht zu sagen, worin eigentlich die Schönheit bestand, ob in der künstlerisch-schönen Anordnung der Massen, ob in den vortrefflichen Reden, die in angenehmster Zeiteinteilung, durch frohen Sang unterbrochen, aufeinander folgten, oder in dem harmonischen Geist der Versammlung, in dem sich würdige Feststimmung und heiterster Frohsinn zum schönsten Bunde einten. Es wird wohl die Vereinigung aller dieser Wirkungen gewesen sein, die diese denkbar schönste Harmonie erzeugte.

An der quergestellten Ehrentafel präsidierten drei Chargierte des Eisenacher Kartells. Die übrigen Tische zogen sich durch die ganze Länge des großen Saales im Hause des Kaufmännischen Vereins. Der weite und schöne Raum war umrahmt von den buntfarbigen Chargierten, die an den Randtischen in dichter und langer Reihe Platz genommen hatten. Es war eine Lust anzusehen, wie die Jünglinge in ihrer farbenfreudigen, abwechslungsreichen Studententracht, mit dem Schläger in der Faust, die Kneiptafel umhegten und allen feierlichen Liedern und Reden dadurch die äußerliche Weihe verliehen, daß sie sich wie ein Mann erhoben und wie eine Mauer standen. Und von den Galerien schauten durch die rings umsäumenden stolzen Fahnen holde Frauen in festlich schönen Gewändern — ein herrlicher Kranz.

Das war das schimmernde, unvergeßliche Bild.

Mit dem Lied des größten Frankfurters, mit Goethes Freundschafts- und Frohsinnslied „In allen guten Stunden", begann der Kommers. Die alten und jungen Verbandsbrüder saßen in herzlichem Verein und nutzten die Pausen mit froher Wechselrede. Dann erschallte das Lied der Weihe, ein Lied aufs Vaterland, und gab Herrn Professor Hillmann das Zeichen zu seiner schwungvollen und formvollendeten Rede auf Kaiser und Reich:

„An Kaiser und Reich wollen wir jetzt denken, das heißt: von unseren Sonderinteressen wollen wir uns hinwenden zum großen Ganzen, das uns geboren hat, das uns trägt, für das wir da sind.

So steige es denn vor uns auf, das Vaterland mit seinem Kaiser.

Da breitet es sich vom wogenden Meer bis zu den ragenden Alpen: dazwischen die stillen Wälder und die unbegrenzten Ebenen, die Wiesen und Aecker, die Täler weit und Höhen, die schimmernden Ströme und die lebendigen Städte. Im Norden der weltumspannende Handel, im Osten der blühende Ackerbau, im Westen die riesenhafte Industrie, im Süden die alte Kultur und von all dem andern ein bedeutsamer Verein.

Und welche Züge hat die Geschichte dem Antlitz dieses Landes eingegraben! Züge von blutiger Not und weher Schmach aus den Zeiten, da wir uneins waren, unfrei und schlaff. Und Züge von jauchzendem Sieg und goldstrahlendem Ruhm aus den Zeiten, da wir einig waren und frei und stark, und da eiserne und weise Männer uns führten, langersehnten Zielen zu. —

Und welch wundersame Geister schweben über unserem Lande! Lessing und Kant, Dürer und Beethoven, Humboldt und Helmholtz, Friedrich II. von Preußen und Wilhelm I. von Deutschland — und dann die drei gewaltigsten: Luther, Goethe, Bismarck — — — streichen Sie diese deutschen Namen aus der Menschheitsgeschichte, und die Menschheitsentwicklung sinkt um Jahrhunderte zurück.

Aber nicht nur einzelner Großtaten und einzelner erlauchter Geister mahnt uns das Vaterland. Seit dem Kriege 1870/71 stieg unsere Volkszahl um 27 Millionen, von 41 auf 68 Millionen. Und diese 68 Millionen finden heute besseres Auskommen — Wohnung, Nahrung, Kleidung, Arbeit, Platz an der Sonne — als vor jenem Kriege die um 27 Millionen geringere Zahl. 1871 gewannen wir altes deutsches Land mit 1½ Millionen Einwohnern; in den nachfolgenden Friedensjahren ist 18 mal ein neues Elsaß-Lothringen gewonnen, d. h. Lebensraum und Lebensmöglichkeit für 27 Millionen neuer Deutscher im alten Lande.

Wer das überdenkt, vor dem steigt das ganze namenlose deutsche Volk empor wie das neue Denkmal auf dem Felde der Leipziger Schlacht: unpersönlich, riesenhaft strebt das wie ein Felsengebirge gen Himmel;

nirgends ein Name oder Wappenschild; nur im Innern thronen die vier Lebensmächte: die Kraft, die Tapferkeit, der Glaube, die Opferwilligkeit.

Und an der Spitze dieses Volkes steht seit 26 Jahren der jetzt regierende Kaiser. — Wenig Menschen mögen eine mehr niederbeugende Erbschaft überkommen haben, als dieser Erbe Bismarcks und Wilhelms I. Und bei allem Vertrauen auf Gott und auf das eigene Können und Wollen mag oft ein Zagen in ihm aufgestiegen sein vor der Größe der Aufgabe. Aber unermüdlich tat er sein Werk, lernend und anregend. Und treuer Arbeit wurde Erfolg: das Heer ist rastlos verstärkt, die Flotte — man darf sagen — neugeschaffen, die körperliche Ertüchtigung besonders der Jugend entwickelt sich ungeahnt, die soziale Fürsorge zieht immer weiter ihre hilfreichen Kreise — — vor allem: das einige deutsche Reich und der deutsche Kaiser, das erscheint heute keinem mehr als ein Zufallsgebilde, das durch glückliche Umstände einmal vor dreiundvierzig Jahren wurde und wieder vergehen kann, wenn jene Umstände vergingen; Kaiser und Reich sind uns wie ein Naturgesetz geworden, wie eine Naturnotwendigkeit, ohne die wir nicht leben können, aber für die wir leben wollen oder sterben."

Welchen Widerhall die begeisternde Rede in den Herzen der alten und jungen deutschen Wissenschafter fand, bewies der dreimal donnernde Salamander, in den sie ausklang.

Dem in ewiger Jugendfülle brausenden Sang „Burschen heraus" folgte die frische Rede des Kommerspräsiden, des Herrn stud. theol. Georg Delp vom Ak. Theol. Verein Marburg, die folgenden Wortlaut hatte:

„Hochansehnliche Festversammlung, insonderheit hochverehrte Gäste!

Im Namen und Auftrage des Deutschen Wissenschafter-Verbandes spreche ich Ihnen meinen aufrichtigen Dank aus für Ihr Erscheinen und heiße Sie herzlich willkommen. Es ist uns eine ganz besondere Ehre, in unsrer Mitte begrüßen zu dürfen . . . . (folgen die Namen der Gäste). Möchten Sie, hochverehrte Gäste, bei uns verspüren das Wehen eines frischen Geistes. Möchten Sie den Eindruck gewinnen, daß es uns Ernst damit ist, unsre Mitglieder zu ganzen Männern heranzubilden, zu Recken des Geistes und der Kraft, nicht allein mit Gedanken und Worten zu wirken, sondern auch mit der Tat. Auch wir haben den Spruch auf unsre Fahne geschrieben: mens sana in corpore sano.

Hochverehrte Gäste! Wir würden uns sehr freuen, wenn auch Sie von unsrer Tagung gute Eindrücke mit nach Hause nähmen und wenn auch Sie bei Nennung unsres Namens bezeugen wollten: das junge Bäumlein, das da heißt D. W. V., ist gesund bis ins Mark. Wir würden Ihnen dafür zu ganz besonderem Danke verpflichtet sein und wollen versuchen, unsren Dank dadurch abzustatten, daß wir weiter arbeiten und wachen, daß dieses junge Bäumchen wachse zu einer gewaltigen Eiche, die da Trotz bietet jeglichem Sturm und Wetterschlag.

Meine Verbands- und Vereinsbrüder aber fordere ich auf, auf das

Wohl unsrer hochverehrten Gäste einen donnernden Salamander zu reiben, dessen Kommando mir zur höchsten Ehre gereicht."

Die Rede wurde mit frohem Beifall aufgenommen.

Nach dem Kommerslied „Kommt, Brüder, trinket froh mit mir" erwiderte Se. Exzellenz, Generalfeldmarschall Freiherr Dr. von der Goltz im Namen der Gäste:

„Meine hochverehrten Damen und Herren!

Mir ist der ehrenvolle Auftrag geworden, im Namen der Gäste, die Ihre Tagung besuchen, für den schönen Empfang, der uns zuteil geworden ist, zu danken. Mit herzlicher Freude übernehme ich diese Sendung. Unser Dank kommt aus tiefster Seele. Sie haben uns um einen denkwürdigen Tag und um zwei denkwürdige Erinnerungen bereichert. Haben wir doch heute beiwohnen dürfen dem kräftigen, viel verheißenden Emporblühen des Verbandes der deutschen Wissenschafter. Haben wir doch auch zugleich einen Blick tun dürfen auf die hohe Zukunft der entstehenden Frankfurter Universität. Es war für uns von großem Wert, hinein schauen zu dürfen in die geistige Werkstatt des D. W. V. Denn nicht ohne weiteres begreift und versteht man den inneren Zusammenhang des Entstehens dieser Vereinigung mit dem geistigen Leben der Nation im allgemeinen nur aus dem Namen. Wir wissen nun, daß Sie sich ideale Ziele, große Ziele gesteckt haben: Vereinigung der verschiedenen wissenschaftlichen Verbände zu gemeinsamem Streben, um große Aufgaben zu lösen, die vielleicht die Kräfte der einzelnen Vereinigungen überschreiten können. Zweitens, das Ganze zu vereinigen zu gemeinsamer Vertretung nach außen hin; sich gegenseitig zu helfen: Ein Bild der Einheit, ein Vorbild der Einheit, das Deutschland, wie wir alle wissen, manchmal nottut. (Beifall.) Sie haben durch dieses Beispiel dem Volke für sein allgemeines Streben eine Richtschnur gegeben.

Sie sagen in Ihren Satzungen, daß Sie sich nicht einmischen wollen in das innere Leben der einzelnen Vereinigung. Ja, das ruft mir den Grundzug, den schönen und wichtigen Grundzug der Entwicklung deutschen Lebens im allgemeinen vor das geistige Auge. Wir wollen im ganzen Vaterland die Einheit und Stärke erzielen und erzeugen nicht durch Vernichtung der Eigenheiten der vielen Einzelstämme, die es umschließt, sondern durch deren Entwicklung und durch deren Veredelung. Wir wollen sie schonen, die Eigenart aller deutschen Stämme, und sie doch vereinigen zu einer großen, gewaltigen Kraftanstrengung. (Beifall.) Möge dieses Beispiel im Vaterland wohl beachtet und in der Zukunft auch beherzigt werden.

Sie wollen ferner Geist und Wissenschaften — und auch das hat unserem Volk manchmal not getan — hinüberführen in praktisches, sprühendes Leben, wollen es umsetzen in Kraftäußerung nach allen Richtungen hin, in ein tatkräftiges, produktives Leben. Auch das ist ein beherzigenswertes, ein schönes Beispiel.

Ganz besonderen Dank bin ich persönlich Ihnen schuldig dafür, daß Sie zugleich Ihren Blick auf die Jugend und deren Entwickelung gerichtet haben. Die Kraft, die Zukunft eines jeden Volkes liegt in seiner Jugend. Es ist dies ein Satz, den ich vor langen Jahren schon in dem von mir verfaßten Buch „Volk in Waffen" niedergeschrieben habe. Alles, was wir für die Jugend tun, tun wir für die Zukunft und Größe Deutschlands. Der heutige Tag wird doppelt denkwürdig durch den Beschluß, den der D. W. V. gefaßt hat, in Gemeinschaft mit dem Jungdeutschlandbund zu wirken. Ich freue mich über diesen Entschluß, und ich heiße Sie im Namen des ganzen Bundes, der sich ja, Gott sei Dank, über ganz Deutschland ausgebreitet hat, herzlich als treue Kameraden im Kampfe, im Ringen nach idealen Zielen willkommen. (Beifall.) Möge diese in dieser Stunde geschlossene Union alle Stürme der Zukunft überdauern, und unsere herzlichsten Wünsche für ihre Zukunft spreche ich hiermit aus. Sie sollen der Ausdruck unseres Dankes dafür sein, was uns heute widerfahren ist. Immer wird es uns mit Stolz erfüllen, wenn wir hören von der weiteren und weiteren Ausdehnung des D. W. V., von seinem Einfluß auf eine Veredelung des Lebens im deutschen Volke. Immer wird es uns auch dann, denke ich, mit Freude erfüllen, wenn wir wissenschaftliche Leuchten aus der künftigen Universität Frankfurt hervorgehen sehen, und wir werden uns, d. h. diejenigen, die noch am Leben sind, mit großer Genugtuung, mit herzlicher Freude daran erinnern, daß wir heute diesem Tage beiwohnen konnten. Wir werden stolz sein, denn wir waren auch dabei!

Der Universität eine weithin strahlende Entwicklung wünschend, bitte ich Sie, zugleich für den anderen Beteiligten, für den Freund dieser Universität, der heute mit teilgenommen hat, auf ihr zukünftiges Wohl, auf den Verband der deutschen Wissenschafter einen kräftigen Salamander zu reiben."

Die Rede wurde mit großer Begeisterung aufgenommen. Und in der Tat, bessere Worte und Wünsche konnten dem D. W. V. nicht gesagt werden. An die wundervollen Mahnungen zur Einigkeit sowohl als zur Ehrung der individuellen Unterschiede wird sich der Verband stets erinnern, wenn ihm Gefahren der einen oder andern Art drohen sollten. Die deutschen Wissenschafter werden dem verehrungswürdigen deutschen Feldmarschall stets herzlichen Dank und aufrichtige Zuneigung bewahren.

Nach dem Sange des Liedes „Stoßt an, Frankfurt soll leben" feierte Herr cand. phil Sälter vom Akadem.-Philolog. Verein-Marburg die Stadt Frankfurt a. M. Er rühmte die liebenswürdige Gastfreundschaft der verschiedensten Kreise Frankfurts. Besonders warm hob er die Verdienste der beiden Ehrenpräsiden, des Herrn Oberbürgermeisters Voigt und des Herrn Rektors der Akademie Prof. Dr. Wachsmuth hervor und gedachte ferner mit herzlichem Dank der Männer, die die mancherlei Führungen und Besichtigungen übernahmen und für den Zutritt zu den verschiedenen Instituten in der liebenswürdigsten Weise Sorge getragen hatten. Mit großer Freude entbot er der kommenden Universität seinen Gruß, an der bereits zwei D. W. V.-Vereine, die in herzlichem Einvernehmen stünden, begründet wären. Er schloß mit den Worten: „Ich glaube im Sinne aller Anwesenden zu handeln, wenn ich mich dahin ausspreche, daß Frankfurt in diesen Tagen den Beweis erbracht hat, daß es eine rechte Studentenstadt sein kann, eine Stadt, nach der noch gar mancher Student seine Schritte lenken wird, dem es zu tun ist um eifrige Wissenschaft, daneben aber auch um frohes Studentenleben." Die Rede klang aus in einen donnernden Salamander auf das ewige vivat, crescat, floreat der Stadt und Universität Frankfurt.

Mit warmer Begeisterung wurde sodann das Lied des Dichters und Bundesbruders Prof. Dr. Dohse (A. Ph. V.-Marburg) gesungen; denn es galt dem Dreiklang, der im D. W. V. zu Hause ist: „Wissenschaft, Freundschaft, Frohsinn". Allen D. W. V.ern sei es hier aufbewahrt:

Wissenschaft, Freundschaft, Frohsinn.

(Singweise: „Strömt herbei, ihr Völkerscharen".)

Seid willkommen, Bundesbrüder, die ihr kamt von Süd und Nord.
Hell erklingen heute wieder frohes Lied und freies Wort.
Eint und bindet uns doch alle, was uns stählt des Geistes Kraft,
Drum zuerst ein Lob erschalle der vieledlen Wissenschaft.

Ja, sie ist's, die wir bewahren immer voll Begeisterung,
Ob wir mählich schon bei Jahren, ob wir zukunftsfrisch und jung.
Sie gibt Licht, da wo es dunkelt, Wahrheit bringt sie weit und breit,
Klarheit wird es, wo sie funkelt sternengleich durch Raum und Zeit.

Neben ihr nach schöner Weise obenan die Freundschaft steht,
Und auch heut in unserm Kreise siegsgewiß ihr Banner weht.
Was uns drücken mag und kränken, heilt der Freundschaft Wundermacht,
Drum, wenn wir die Becher schwenken, sei auch ihrer froh gedacht.

Nun zuletzt ruf ich den jungen Gott des Frohsinns noch herbei.
Er, der einst uns frisch umsprungen, immer unser Führer sei.
Will das Philisterium zwacken, dräut des Alltags graue Not —
Lachend schütteln wir den Nacken, wenn des Frohsinns Fackel loht.

Solcher Dreiklang mag uns leiten heute wie noch manches Jahr.
Dann sehn wir für alle Zeiten in die Zukunft froh und klar.
Und in diesem Zeichen stehe — das gelobt mit Herz und Mund —
Immerdar in Lust und Wehe ohne Wanken unser Bund.

Sehr passend schloß sich an dieses Lied die Rede auf den D. W. V. von Herrn Oberlehrer Wüllenweber-Berlin (M. V.-Berlin) an. In seiner vortrefflichen Rede feierte dieser alte Verfechter des D. W. V.-Gedankens den großen Verband mit dem Verständnis gründlicher Ueberlegung und der Wärme innerster Ueberzeugung und Anteilnahme. Es ist zu bedauern, daß die frei gehaltene Rede hier nicht festgehalten werden kann. Wir hoffen, daß es dem Redner möglich sein wird, bei einer anderen Gelegenheit seine Gedanken noch einmal den weiteren D. W. V.-Kreisen zugänglich zu machen.

Ein hübsches Lied zum Lobe der Frauen leitete zu der vortrefflichen Damenrede von Prof. Dr. Dohse über. Der Redner sprach in längerer launiger Rede über die Frauen als Gefährtinnen ihrer Männer und skizzierte dabei mit treffendem Humor und köstlicher Feinheit die einzelnen Typen, so die Oberlehrergattin, die Frau des Theologen, des Chemikers, Physikers, Mediziners, des Zahnarztes, des Naturwissenschaftlers, des Sportliebhabers, Theaterfreundes usw. Dann nahm er die jungen, unverheirateten Damen aufs Korn und meinte, daß sie es wahrlich am allerschwersten hätten, da sie ja noch nicht ahnen könnten, zu welchem Typus sie sich entwickeln sollten und demzufolge ein ganz besonderes Anpassungsvermögen besitzen müßten. Die Rede, die mehrfach durch wahre Lachsalven unterbrochen wurde, nahm zum Schlusse unmerklich eine Wendung zu warmer Gemütstiefe, wie sie dem echten Humor eigen ist. Der Geist Fritz Reuters, dessen Landsmann der Dichter Dohse ist, umschwebte die Zuhörer zum Schlusse mit seinem lieben Hauch. Und so erklang das dreifache Hoch auf die Frau als die liebevolle und anpassungsfähige Lebensgenossin des Mannes aus herzlich begeisterter Brust. Reicher Beifall dankte dem Redner für die heitere Gabe seines sonnigen und feinsinnigen Geistes.

Die Stimmung erreichte ihren Höhepunkt. Begeistert wurde das Festlied auf den D. W. V. gesungen, welches Bundesbruder Herr Redakteur W. Frölich, W. Th. V.-Marburg, gedichtet hatte. Auch dieses Lied sei dem Gedächtnis aufbewahrt:

D. W. V.

(Singweise: „Bin durch die Alpen gezogen".)

Endlich haben gefunden sich die Ströme zum Meer,
Törichter Scheidung Wunden bluten und brennen nicht mehr,
Und im Lande der Franken fügt man die Kuppel zum Bau,
Wünschend, es möchte wanken nimmer der D. W. V.

Zeiten kommen und gehen, frühlingsfroh durch die Welt,
Frischere Winde wehen, und das Morsche zerfällt,
Aber vor Riß und Sprunge trutzig das Starke besteht,
D. W. V. und die junge Universität.

Schaut hier Winkel und Gassen, Straßen und Plätze breit,
Frankfurt wuchs in die Massen, denn es verstand seine Zeit.
Wir auch wuchsen zusammen, schöpfend aus einem Quell,
Brückenpfähle rammen wir von Kartell zu Kartell.

Heiligen Wissens Funke zündet in unserem Bund,
Frohe Gesellen beim Trunke, gliedergewandt und gesund,
Seliger Minne singen wir und küssen die Maid,
Unsere scharfen Klingen wahren die Ehre vor Leid.

Wo uns die Mutter geboren, werben wir Liebe und Gut,
Deutschland sind wir verschworen, halten es heilig in Hut,
Friedlich soll man uns heißen, aber wir steh'n auf der Wacht,
Rollen die Würfel von Eisen, ziehen wir kühn in die Schlacht.

Will nun der Nörgler sagen, daß dies Irrwahn sei,
All seine Zweifel und Klagen schlagen wir faustſtark entzwei.
Fasset die Humpen und Kannen: Eins auf Verderb und Gedeih
Stehen wir, treudeutsche Mannen, D. W. V. eis äei.

Jetzt war der rechte Augenblick gekommen, um denjenigen Herren, die die herrlich gelungene Tagung vorbereitet hatten, den herzlichsten Dank aller Teilnehmer abzustatten. Was Herr cand. math. Schulz (M. N. V.-Bonn) dem Ortsausschuß zu Dank und Lobe sagte, das war den Anwesenden und besonders allen denen aus tiefster Seele gesprochen, die die opferbereite und unermüdliche Arbeit der Frankfurter Herren in den letzten Monaten hatten verfolgen können. An dem Wahlspruch seines Vereins „per aspera ad astra“ veranschaulichte der Redner diese Leistung und wies sehr mit Recht darauf hin, daß die Arbeit des Ortsausschusses unter der bewährten Leitung des allverehrten Herrn Oberlehrer Lorey einen Erfolg gezeitigt hätte, der die Erwartung des Vorstandes weit überträfe, und der den ganzen D. W. V. zu höchster Anerkennung und herzlichstem Danke verpflichtete. Mit großer Begeisterung wurde dann auch diesem Danke der höchste studentische Ausdruck durch einen „urkräftigen dreifach donnernden Salamander“ gegeben.

An dieser Stelle sei auch noch der frischen Rede gedacht, die der Rektor der Akademie, Prof. Dr. Wachsmuth, an die Versammelten richtete, als er noch in später Stunde kam. Er hatte es sich nicht nehmen lassen, trotz Teilnahme an einem anderen Kongreß noch zu den Seinen zu kommen. Er sagte folgendes:

„Meine Herren vom Wissenschafter-Verband!

Ich habe Ihnen schon heute vormittag gesagt, daß ich mich mit Stolz als einen der Ihrigen fühle. Deshalb bin ich auch in später Stunde noch von einem anderen Kongreß zu Ihnen gekommen. — Wenn ich so an die Zeit vor 27 Jahren zurückdenke, als ich selbst in den Mathematischen Verein in Heidelberg eintrat, da waren es nur wenige Studenten, die sich zu gemeinsamer Arbeit und gemeinsamen Freuden zusammenfanden. Wie hat sich das in der Zwischenzeit verändert! Die einzelnen kleinen machtlosen Vereine haben sich zu einem Verband zusammengeschlossen, der mit seinen 15 000 Mitgliedern kaum seinesgleichen hat. Dieser Zusammenschluß zu gemeinsamen Zielen liegt im Geist der Zeit. So schließen sich all die einzelnen Jugendvereine zu dem Jungdeutschland-Bund zusammen. So haben sich auch die verschiedenen wissenschaftlichen Institute Frankfurts zu der universitas zusammengeschlossen, die wir im Oktober eröffnen wollen. Noch ist erst die äußere Form vorhanden.

Wenn ich Sie aber alle hier so festlich versammelt sehe, so möchte ich wünschen, daß der Geist der wissenschaftlichen Vereine auch unsere Universität erfüllen möge, und ich bitte Sie, helfen Sie dazu, daß, wenn unsere Hochschule eröffnet sein wird, auch echte studentische Art bei ihr einziehe, die Wissenschaft und Frohsinn zu vereinigen versteht. Ich trinke auf ein Wiedersehen bei der Eröffnung der Universität."

Herzlicher Beifall wurde der liebenswürdigen Persönlichkeit und den trefflichen Worten des Redners gezollt.

Den Beschluß des offiziellen Teiles bildete die hervorragend gelungene Darbietung des Akademisch-Philologischen Vereins zu Marburg, nämlich die Aufführung eines Lustspieles von Hans Sachs: „Sankt Peter letzet sich mit seinen Freunden auf Erden". Das lebensvolle Zeit- und Sittenbild des prachtvollen deutschen Volksdichters mit seinem milden Humor und seiner echten, sittlich gesunden Biederart erfreute von Herzensgrund, umsomehr, als die Mischung volkstümlich-derben Lebens und naiven sittlichen Ernstes von den Darstellern mit einem geradezu bewunderungswürdigen ästhetischen Takte herausgearbeitet wurde. Wer die Schwierigkeit der Darstellung jener Hans Sachsschen Kunst kennt und mehrere seiner Stücke auf guten Bühnen aufgeführt sah, wird in dies Lob aufrichtig einstimmen müssen.

Die Ueberleitung der Stimmung zur Fidulität war prächtig gelungen. Man sang und redete noch lange im herzlichsten Verein. „Leise dämmerte der erste Morgenschimmer im Ost, als noch Alte, die jung wurden, und Junge, die jung waren, in traulichem Bunde zusammensaßen, um Verband und Freundschaft zu feiern." Mit diesem Satz schlossen die „Frankfurter Nachrichten" ihren trefflichen Bericht über den Festkommers. Man darf wohl noch hinzufügen, daß auch die vorgerückte Stunde keine Disharmonie brachte, wie man das noch lange nicht von jedem studentischen Kommers sagen kann. Und das möge noch besonders als gutes Vorzeichen für den neuen Verband angesprochen werden. Dann wird er ein wirklich moderner und vollwertiger studentischer Verband sein, wenn er zur Wahrung seiner Würde die Meidung von Rauschwirrungen für unerläßlich hält.

Mittwoch, den 3. Juni.

Der Mittwoch, der letzte Tag, war angebrochen. Eine gewisse Müdigkeit machte sich bei den meisten Teilnehmern geltend. Kein Wunder: man war aus der Unruhe nicht heraus und nun zum zweiten Mal nur wenige Stunden zum Schlaf gekommen. Das muß vorausgeschickt werden, wenn man nicht zu Unrecht bitter werden will, sobald man hört, daß die ersten Vorträge am Mittwoch morgen um 9 c. t. in der Akademie recht schwach besucht waren. Und doch waren es hervorragende Fachmänner, die über anziehende Gegenstände höchst reizvoll und belehrend sprachen. Zur Steuer der Gerechtigkeit muß aber auch noch hinzugefügt werden, daß es sich um gleichzeitig gehaltene Vorträge handelte. Man wird es in Zukunft vermeiden müssen, Doppelvorträge einzurichten, oder wenigstens solche gleichzeitigen Vorträge an den Anfang desjenigen Tages zu legen, der auf den großen Festkommers folgt. Durch Schaden wird man klug.

Der bekannte Bundesfeldmeister des deutschen Pfadfinderbundes, Herr Hauptmann Freiherr v. Seckendorff aus Metz sprach über: „Die turnerische und sportliche Betätigung des Studenten". Ein reiches und zumteil der Oeffentlichkeit noch nicht zugängliches Material war hier übersichtlich und gründlich verarbeitet. Die Anwesenden spendeten dem Redner reichsten Beifall und waren alle erfüllt von der Empfindung, daß der vorzüglichen Darbietung ein großes und volles Auditorium gebührt hätte. Es ist gut, daß das jetzt durch den Abdruck des Vortrages (Seite 45) nachgeholt wird. Auf den Druck hatten offenbar viele D. W. V.er, die nicht so früh erschienen waren, von vornherein gerechnet. Es sind übrigens bereits einige hundert Sonderabdrücke dieses Vortrages bestellt worden, ein Beweis, welches Interesse er erweckte.

Der Vortrag von Herrn Oberlehrer Paeckelmann-Barmen, Mitbegründer des D. W. V., behandelte die Frage: „Der Student und die Naturdenkmalpflege". (Vergl. Seite 57.) Der Besuch war für die geschilderten Verhältnisse recht befriedigend, wozu neben dem zeitgemäßen Gegenstande die Darbietung von Lichtbildern beigetragen haben mag. Der Vortragende steht seit Jahren mitten in der Arbeit der Naturdenkmalpflege und hat als Sekretär des Bundes für diese Arbeit schon mancherlei Vorträge gehalten. Da ist es nicht zu verwundern, daß die Zuhörer in höchster Befriedigung herzlichen Beifall spendeten.

Um 10 Uhr fand nun der Vortrag statt, der durch sein allgemeineres Interesse und durch die günstigere Stunde, auf die er verlegt war, reichen Zulauf erwarten ließ; und in der Tat war der große Hörsaal H auch schier überfüllt, als der Herr Geheime Kirchenrat Prof. D. Eck, Rektor der Universität Gießen, das Wort zu dem Vortrage ergriff: „Der Student und die ethischen Güter der Nation". Die Zuhörerschaft folgte mit gespanntem Interesse. Brausender Beifall lohnte den wortgewandten und geistreichen Redner. (Siehe den Vortrag auf Seite 64.)

Wer bei der Eröffnung am Dienstag schon die geistvolle und hervorragende Beredsamkeit des Herrn Stadtrat Prof. Dr. Stein bewundert hatte, der mußte besonders gelockt werden, ihn am Mittwoch auf dem Gebiete zu hören, wo er als berühmter Fachmann zu Hause ist, nämlich auf dem soziologischen. Er hielt einen Vortrag über: „Die sozialen Einrichtungen Frankfurts". (Vergl. Seite 72.) An der lebhaftesten Teilnahme und an ebensolchem Beifall der Zuhörer konnte es nicht fehlen.

Das gerade für D. W. V.er besonders anziehende und zeitgemäße Thema von Herrn Oberlehrer Dr. Gagelmann: „Akademiker und Volksbildung" fand eine empfängliche Zuhörerschaft und den gebührenden lebhaften Beifall. (Siehe Seite 76.)

Die Fahrt im Sonderzuge soll schon sehr schön gewesen sein. Die Höhe der ganzen Herrlichkeit aber war doch die **Rheinfahrt**. Der Himmel strahlte; warm und leuchtend lachte die Landschaft, die unbeschreiblich herrliche. Wer getraut sich überhaupt, die Stimmung, die auf dem schönen, schlanken Festschiff „Frauenlob“ herrschte, zu schildern? Lauter Lebensfreude, lauter sonnige Gesichter. Herzlichkeit strömte von allen aus, wenn man sich zuwinkte, im Vorbeigehen grüßte, bei Torte, Kaffee, duftendem Wein bald in dieser, bald in jener Gruppe plauderte usw. Und schaute man auf, so sah man die unvergleichlichen Naturbilder. Niederwald, Caub, Bacharach! Wer vergäße den Blick auf die von glühender Abendsonne vergoldeten Ruinen? Und dazu spielte die Musik festlich frohe Weisen. Böllerschüsse gaben dem Hochgefühl Ausdruck. Es war eine große Familie im Jubel der Festesfreude. Und groß war die Familie. Wenn schon der Sonderzug 700 Personen beförderte, so waren auf dem Schiff wohl an die 1000 Personen. Das ganze große Schiff war dicht gefüllt.

Als das Schiff von Caub wieder zu Berg gefahren und in Bingen gelandet war, spürte man es deutlich: Der Höhepunkt war überschritten. Leise schon mahnte es auch hier an die Vergänglichkeit aller Dinge. Einige wenige blieben auf dem Schiff, um heimzufahren, andere schüttelten am Land, das Gepäck an der Hand, den Freunden die Rechte zum Abschied — wer weiß, auf wie lange? Wieder andere eilten, sich in Bingen Nachtlager zu suchen, weil sie den Abend in der Festhalle nicht versäumen und erst am anderen Morgen heimwärts fahren wollten. Ein großer Teil der Fröhlichen aber fand sich zu einem urfidelen Ulkzuge durch das alte Rheinstädtchen Bingen zusammen. Herren und Damen zogen wie ein Kriegerverein auf den Marktplatz, einige Herren als Spitze voraus. Umzug um den Marktbrunnen im Parademarsch! Kurze, fröhliche Rede des zukünftigen D. W. V.-Vorsitzenden, Oberlehrer Lorey, mit einem Hoch auf Bingen und Rückzug zur F e s t h a l l e! Die fröhliche Stimmung hatte gesiegt.

Beim Schmaus und Rheinwein plauderte man und rüstete sich auf die l e t z t e F e s t s i t z u n g. Sang, Tanz und Becherklang, fröhliche Reden und launige Vorträge wechselten miteinander. Besondere Freude erweckte die Verlesung des kaiserlichen Danktelegramms sowie der Dank, den der Gründer des D. W. V., Direktor Dr. Lietzmann = Jena, als Antwort auf ein Telegramm der beim Kommers Versammelten geschickt hatte. Für das Gelingen des Abends haben besonderen Dank verdient die Herren Prof. Hellwig-Mainz und Oberlehrer Lorey-Frankfurt. Herr Redakteur Frölich feierte in einem schwungvollen Gedicht die Damen als die Königinnen des Tages. In später Stunde ging man auseinander.

Alles hatte zusammengewirkt, um die erste Tagung des D. W. V. im größeren Rahmen zu einer glänzenden zu gestalten. Das Hauptverdienst hat unzweifelhaft die großartige Rührigkeit des Ortsausschusses. Es kam hinzu, daß die Teilnehmerzahl alle Erwartungen übertraf (etwa 1000 Teilnehmer!), daß das Wetter günstig war und das reichhaltige Programm ohne unvorhergesehene Störung abgewickelt werden konnte. Allen, denen es zukommt, nicht zuletzt den vortrefflichen Rednern, sei hier noch einmal der herzlichste Dank des Verbandes ausgesprochen, der an dieser herrlichen, denkwürdigen Tagung zum Bewußtsein seiner Kraft kommen durfte. Daß die Frankfurter Pfingsttagung 1914 dem D. W. V. innerlich und äußerlich zum Segen gereiche, ist der herzliche Wunsch und die frohe Hoffnung des Vorstandes.

II.

Vorträge

:: gehalten auf dem zweiten :: Deutschen Wissenschaftertag.

Der Student und die Jugendbewegung.

Bericht über den Vortrag
Sr. Exzellenz Generalfeldmarschall Freiherr Dr. von der Goltz.

Der Vortragende gab zunächst ein Bild von dem Wirken und Wesen des Jungdeutschland-Bundes, worüber trotz vielfacher Veröffentlichungen und Vorträge noch immer zahlreiche Irrtümer verbreitet seien, zum Teil auch absichtlich aufrecht erhalten würden.

Der Jungdeutschland-Bund ist keineswegs ausschließlich militärisch geartet, sondern ruht auf viel allgemeinerer Grundlage. Sein Zweck besteht in der Mitarbeit an der Ausbildung unserer Jugend, um sie im Hinblick auf die außergewöhnlich großen Anforderungen der Gegenwart lebenstüchtig und damit zugleich auch wehrtüchtig zu machen. Beides fällt zusammen. Der J.-D.-B. ist keine Rekrutenvorschule, sondern er strebt nur darnach, dem Heere und der Flotte an Leib und Seele gesunde, harmonisch ausgebildete junge Männer zuzuführen. Sie haben daraus Soldaten zu machen.

Der J.-D.-B. ist auch keine besondere Neugründung mit eigenen Richtlinien in seiner Tätigkeit. Er strebt vielmehr darnach, alle auf nationalem Boden stehenden Vereine, die sich in der Erziehung unserer Jugend betätigen, zusammenzuführen, sie im Streben nach dem gemeinsamen Ziele zu vereinigen und zu ergänzen, wo es nötig erscheint. Sodann hat er die Verpflichtung einer allgemeinen Propaganda für die Ertüchtigung der deutschen Jugend übernommen. Sein Endziel sind obligatorische Leibesübungen für das gesamte junge Deutschland. In diesem Streben stimmt er vollkommen überein mit dem seit zwei Jahrzehnten tätigen Zentralausschuß für Volks- und Jugendspiele.

Bei dieser Gelegenheit wies der Vortragende darauf hin, daß es unrichtig sei, Jugendwehren, Wehrkraftvereine, Pfadfinderbund, Wandervögel, Jungsturm usw. als gesonderte Organisationen aufzuführen; sie alle gehören mit den großen Verbänden, die sich ihnen angeschlossen haben, zum Jungdeutschland-Bunde. Dieses Wort hat die Bedeutung eines Sammelnamens.

Die Notwendigkeit für die Bildung des Bundes ergab sich daraus, daß gleichzeitig mit den steigenden Anforderungen an die Tüchtigkeit der heranwachsenden Geschlechter sich naturgemäß aus dem modernen Kulturleben, zumal aus dem Zusammendrängen der Bevölkerung in Großstädten und enggebauten Industriedistrikten ungünstige Einflüsse ergeben, welche die Widerstandsfähigkeit und Wehrfähigkeit der kommenden Generationen bedrohen. Schon jetzt läßt sich eine Herabminderung feststellen, wenn sie glücklicherweise auch nur eine geringe ist. In Berlin beträgt die Zahl der Wehrfähigen unter den stellungspflichtigen jungen Männern zurzeit nur noch 28 %. Der Durchschnitt kann auf 50—52 % angenommen werden; in ländlichen Distrikten steigt er bis auf 60 %, im Osten des Vaterlandes bis auf 65 und 68 %. Die Einflüsse, welche zu diesem prozentualen Verhältnis geführt haben, machen sich selbstverständlich nicht in Deutschland allein, sondern in allen Kulturstaaten geltend. Wir sehen aber auch den gleichen Zug nach Ertüchtigung der Jugend und frühzeitiger Vorbereitung für das spätere Leben die ganze Welt gleichmäßig durchziehen. Deutschland ist darin sogar vielen Ländern erst nachgefolgt, die früher damit begonnen haben. In Frankreich setzte die staatliche organisierte Jugendpflege schon 1881 ein.

Die Tätigkeit des J.-D.-B. richtet sich darauf, die gesamte Jugend für regelmäßigen Betrieb von Leibesübungen, Turnen, Schwimmen, leichtem Sport, Volks- und Jugendspielen usw. zu gewinnen. Er fügt dann eine Reihe eigener Uebungen hinzu, die folgenden Zweck haben:

1. systematische Vermehrung der Körperkraft durch allmähliche, regelmäßige Steigerung der Anstrengung;
2. Erziehung zur Ausdauer (als Grundsatz wird im J.-D.-B. festgehalten, daß jede angefangene Arbeit auch durchgeführt, niemals wegen entgegentretender Schwierigkeiten im Stich gelassen wird);
3. verständige, sich nach und nach steigernde Abhärtung der jugendlichen Körper;
4. Kultur der Willenskraft;
5. Schärfung der Sinne, des Auges, des Ohres usw., die im Großstadtleben gar leicht verkümmern;
6. Uebung des Blicks, des schnellen Urteils und der Geistesgegenwart bei Ueberraschungen;
7. Stärkung des Gedächtnisses, das heute bei der geringen Rolle des Auswendiglernens im Schulunterricht weniger Pflege erfährt als ehedem;
8. Kenntnis aller praktischen Mittel zur Selbsthilfe in den verschiedensten Lebenslagen, zu Hilfeleistungen bei Unglücksfällen, Uebung in den gebräuchlichsten Behelfsarbeiten.

Daran schließt sich die Kultur des Verständnisses für die umgebende Natur und die Beeinflussung des Charakters im allgemeinen. Bevorzugung erfahren im J.-D.-B. alle diejenigen Uebungen, durch welche Eigenschaften gefördert werden, für deren vollkommene Durchbildung die kurze Militärdienstzeit der Natur der Sache nach nicht ausreichen kann.

Den Abschluß der Ausbildung bilden die sogenannten Kriegs- oder Geländespiele, deren Ursprung bis auf den Turnvater Jahn und Gneisenau zurückzuführen ist. Es würde zu weit führen, die Einzelheiten des Jungdeutschland Unterrichts an dieser Stelle zu erörtern; zahlreiche Lehrschriften geben darüber bereits Auskunft. —

Die Lehr- und Führertätigkeit im J.-D.-B. ist schwieriger, als es auf den ersten Blick erscheinen möchte. Es gehört viel Erfahrung und eine genaue Kenntnis der Psyche der Jugend dazu, die äußerst kritisch ist; ferner erfordert das Amt große körperliche Rüstigkeit, mit geistiger Frische vereint. Der Gegenstand der Uebung macht meist den Unterricht in ganz kleinen Abteilungen nötig.

Der Name „Jungdeutschland-Bund" hat eine erstaunliche Anziehungskraft bewährt. Gegenwärtig folgen den Fahnen des Bundes schon 745 000 Jugendliche, für die etwas über 18 000 erwachsene Führer aller Stände zur Verfügung stehen. Nimmt man die Höchststärke der untersten Gruppen auf 10 Jugendliche an, was noch zulässig erscheint, so braucht der Bund im ganzen 75 000 Lehrende. Mit größter Bereitwilligkeit hat sich das Offizierskorps und Sanitätsoffizierskorps der Armee sowohl des aktiven wie des inaktiven Standes, hat sich die Lehrerschaft, die Turnerschaft, haben sich Geistliche, Beamte, Geschäftsleute, Privatpersonen zur freiwilligen Uebernahme des Führeramts erboten; aber immer reicht ihre Zahl noch bei weitem nicht aus. Aus der reiferen Jugend selbst müssen noch viel mehr Kräfte herangezogen werden, um dem Bedürfnis einigermaßen zu entsprechen. Offiziere, Lehrer, Beamte, Geschäftsleute sind selbstverständlich durch ihren Hauptberuf heutzutage außerordentlich in Anspruch genommen. Privatleuten, die sich betätigen, mangelt vielfach die Erfahrung und Uebung.

Ein Appell an die akademische Jugend sämtlicher Hochschulen, als Unterführer an der großen Bewegung teilzunehmen, ergibt sich aus den Verhältnissen. Gerade die akademische Jugend würde durch die natürliche geistige Ueberlegenheit, die ihr über die Masse der Altersgenossen und der Jüngeren zur Verfügung steht, ganz besonders geeignet für das Unterführerkorps sein. Nun ist auch sie freilich durch Studium und die Pflichten gegen ihre Korporationen schon stark beansprucht; immerhin würde sich noch Zeit für die Teilnahme an der Jugendpflege finden. Diese kann zugleich zu ihrer Erfrischung dienen, namentlich bei der Leitung von Ferien- und Jugendwanderungen, deren außerordentlichen Wert der Münchener Professor Dr. Kaup, eine der ersten Autoritäten auf dem ganzen Gebiet, immer wieder hervorgehoben hat. Im 23. Jahrgang der Hochschulnachrichten S. 128 ff. spricht sich ein Kommilitone, Robert Hofmann, übereinstimmend damit aus. Zahlreiche Akademiker sind auch bereits im Dienst der Jugendpflege tätig. (Der Vortragende wies hierbei darauf hin, daß der Verein der Deutschen Studenten besondere Ausschüsse für die Mitarbeit an der Jugendpflege gegründet hat, die Winke für die Betätigung erteilen und die Verbindung mit den verschiedenen Jugendorganisationen herstellen). Noch immer muß aber kräftig geworben werden. (Als wünschenswert bezeichnete der Vortragende den Anschluß akademischer Vereine und Korporationen an die benachbarten Jungdeutschland-Verbände.)

Bekanntlich hat der J.-D.-B. in allen Regierungsbezirken, Bundesstaaten, Städten und Industriebezirken seine Vertrauensmänner oder Vorsitzende der Ortsgruppen. In Charlottenburg, Wielandstr. 6, hat die Zentralstelle des Bundes ihren Sitz, die jederzeit bereit sein wird, Verbindungen zu vermitteln. Sehr dankenswert sind die Bekanntmachungen des Ausschusses des Berliner Vereins der Deutschen Studenten über Arbeitsstellen, an denen die jungen, für die Sache begeisterten Akademiker mit ihrer Tätigkeit eingreifen können.

Vielfach mag die Scheu, ohne Sachkenntnis die Führerschaft anzutreten, ein Hinderungsgrund für die Beteiligung sein. Aus diesem Grund veranstaltet der J.-D.-B. sowohl in Berlin als auch in allen Teilen des Deutschen Reiches eigene Führerkurse, über die bei den Vertrauensmännern und Ortsvorsitzenden des Bundes stets das Nähere zu erfahren ist. Alle verschiedenen Arten der Jugendübungen werden dort vorgeführt. Zur Vorbereitung empfiehlt sich außerdem die praktische Teilnahme an Uebungen, die von erfahreneren, älteren Jugendführern geleitet werden. Aus dem Beispiel lernt man stets mehr als aus theoretischer Lehre.

Ganz besondere Bedeutung können die jungen Akademiker als Führer bei den Jugendwanderungen und Fernausflügen gewinnen, weil ihnen durch die höhere Bildung die Einwirkung auf die Gemüter der Jugend zu Gebote steht, die sie moralisch, ethisch und in patriotisch deutschem Geiste beeinflussen können. Sie werden es am ehesten auch verstehen, die schon im anstrengenden gewerblichen Leben stehende Jugend zu lehren, wie sie diesem Leben einen edleren Inhalt zu geben vermag. Ein reiches Arbeitsfeld harrt ohne Zweifel der ganzen akademischen deutschen Jugend und der J.-D.-B. wird diese als wertvollen Bundesgenossen von ganzem Herzen willkommen heißen. Der J.-D.-B. würde der Erfüllung des herrlichen Vorsatzes zujubeln, den Dr. Friedrich Reimers in den „Akademischen Blättern" Nr. 21 in dem Schriftsatz „Wir und das junge Deutschland" ausgesprochen hat: „Wir wollen Reformer deutschen Lebens werden!"

Vor allem wird der gesamten Jugend klar zu machen sein, daß es Pflicht jedes einzelnen ist, sich stark und tüchtig zu machen. Deutschlands Stellung im Herzen Europas und inmitten des großen Wettbewerbs der Welt erfordert dies gebieterisch. (Der Vortragende erläuterte dies durch einen Hinweis auf den in der slavischen Welt gegen

Deutschland schlummernden Haß, von dem der kürzlich in den „Preußischen Jahrbüchern" erschienene Brief des Professors Paul v. Mitrofanoff an Hans Delbrück ein beredtes Zeugnis gibt. Er betonte das Zusammentreffen dieses Hasses mit dem in Frankreich noch immer glühenden Revanchegefühl und der kraftvollen Entwicklung der südslavischen Völker, die sich gleichfalls gegen das Deutschtum wende.) Neue Völkertypen kommen durch andauernde Jugendertüchtigung empor und mahnen das junge Deutschland zur gleichen Arbeit. Deutschland hat nach der neuesten Vermehrung seine Wehrmacht äußerlich wieder auf die Höhe der Zeit erhoben. Nun gilt es, sie durch innere Ertüchtigung der Jugend weiter zu stärken.

Der Vortragende schloß seine Ausführungen mit der Mahnung: „Von der Tüchtigkeit des kommenden Geschlechts hängt es vielleicht schon ab, ob Deutschlands überraschendes Emporblühen nach 1870/71 nur eine vorübergehende Episode in der Weltgeschichte oder von hinreichender Dauer sein wird, um unvergängliche Spuren in der Entwicklung des Menschengeschlechts zurückzulassen."

Die Vereinigung der wissenschaftlichen Institute Frankfurts a. M. zur Universität.

Professor Dr. Andreas Voigt.

M. H. Die Gründung einer neuen Universität ist keine alltägliche Sache. Nur drei Universitäten Deutschlands dürfen als Neugründungen des vorigen Jahrhunderts bezeichnet werden, die Universitäten Berlin (1810), Breslau (1811) und Straßburg (1872), wenn auch letztere beiden an bestehende Anstalten anknüpften, die aber kaum als das Fundament der neuen bezeichnet werden können. Zwischen der alten deutschen Universität Straßburg, an der Herder und Goethe Studenten waren, und der neuen Kaiser Wilhelms-Universität Straßburg klafft eine Lücke von achtzig Jahren. Die Universität Münster, die diesen Namen seit 1902 führt, ist bekanntlich nur die noch nicht ganz vollendete Erweiterung der alten Akademie um eine juristische Fakultät und um einige Institute für Mediziner der ersten Semester. — Mit Recht hat daher die öffentliche Meinung die Gründung der Universität Frankfurt a. M. vom ersten Auftauchen der Idee in der Oeffentlichkeit an bis zu ihrer bevorstehenden Vollendung mit Interesse und teilweise mit Spannung verfolgt. Ihr Interesse, m. H., an dieser eigenartigen Neugründung, soweit es in einem kurzen Vortrag möglich ist, zu befriedigen, ist der Zweck meines Erscheinens an dieser Stelle.

Was das Interesse Deutschlands gerade an der Universität Frankfurt a. M. so besonders erregte, waren meines Erachtens zwei Umstände. Der erste, den ich vorweg nehmen möchte, wenn er auch nicht der wichtigste ist, war der, daß man von Anfang überzeugt war, es handle sich hier nicht um eine Gründung von bloß lokaler Bedeutung, wie etwa bei der Universität Münster. Deren Ausgestaltung konnte auf das gesamte Unterrichtswesen Deutschlands kaum einen anderen Einfluß haben, als daß einige Hundert Westfalen mehr in der Heimat, im alten, gemütlichen Münster ihren Studien obliegen konnten, statt sich in andere Provinzen oder deutsche Staaten begeben zu müssen, und daß etwa ein Dutzend Gelehrte mehr als bis dahin in Münster ihren Wohnsitz nehmen würden. Von der Frankfurter Universität hat man immer eine viel größere Umwälzung im deutschen Universitätswesen erwartet. Ihr hat man nie bloß die Bedeutung einer Provinzialuniversität für Frankfurt und Umgegend, sondern einer Universität zugeschrieben, die ihre Studenten aus allen Teilen des Deutschen Reiches sowie auch aus dem Ausland beziehen werde. Wie groß die Anziehungskraft der Universität Frankfurt sein werde, darüber konnte man dabei noch sehr verschiedener Meinung sein. Wir Frankfurter sind in dieser Beziehung recht bescheiden. Der erste Etat der Universität rechnet mit einem verhältnismäßig geringen Zuwachs von Studierenden zu der Zahl derjenigen, welche schon heute die Akademie in sich vereinigt, und es ist möglich, daß die Zahl noch für Jahre die einer kleinen Universität bleibt. Wir glauben nicht, daß unsere Universität als wissenschaftlicher Großbetrieb fertig gerüstet wie Minerva dem Haupte des Zeus entspringen werde. Aber das glauben wir, ihre Studenten werden vom ersten Semester an aus dem Norden und Süden, dem Osten und Westen des deutschen Vaterlandes und aus weiterer Ferne stammen. Dafür spricht schon die Lage der Stadt an der Grenze von Nord- und Süddeutschland, an den belebtesten Verkehrsstraßen, welche Süden und Norden, Osten und Westen verbinden, ferner der überall bis weit ins Ausland hinein bekannte Name der Stadt. Die Akademie schon zeigt diese Mischung ihrer Studentenschaft.

Darum halten wir auch die Besorgnisse der Nachbar-Universitäten für unbegründet, daß Frankfurt ihnen einen merklichen Teil ihrer Studenten entziehen würde. Die Provinzialuniversität Marburg hat diese Sorge am lautesten bekundet. Gewiß werden die aus Frankfurt stammenden Studenten in Zukunft einen Teil ihrer Semester bei der heimischen alma mater verbringen. Aber diese waren es nicht, die bisher die örtlich nahe liegenden Universitäten Gießen, Heidelberg, Marburg aufsuchten. Die Reisekosten bilden bekanntlich einen so unbedeutenden Teil der Gesamtkosten des Studiums, daß die Kürze der Reise zur Universität nur sehr selten entscheidend ins Gewicht fällt. Frankfurt sandte bisher seine Universitätsstudenten in weitere Ferne, eben dahin, woher sie jetzt Zuzug erwartet. Die Nachbarn also werden von der Konkurrenz nur wenig spüren.

Der zweite Grund nun, der die Aufmerksamkeit Deutschlands auf die neu entstehende Universität Frankfurts lenkte, war die Eigenart ihrer Entstehung, ihrer Finanzierung und ihrer Verfassung, und mit dieser wollen wir uns daher nunmehr eingehender beschäftigen.

So sehr sie den Anspruch erheben darf, eine Neuschöpfung zu sein, so wenig wurde sie doch aus dem Nichts geschaffen. Sie bildet vielmehr ihrem Kerne nach eine Vereinigung der schon seit längerer oder kürzerer Zeit bestehenden Institute und Anstalten von mehr oder minder akademischem Charakter. Sie soll eine ganze Anzahl von Spezialanstalten zur Universitas litterarum vereinigen. Das ist ihr erster Zweck und darin findet sie ihre hauptsächlichste Berechtigung. Anderswo hat man die Bedürfnisfrage einer neuen Universität erörtert, indem man fragte, ob man nicht die von Frankfurt begehrten Studenten auch noch in den bestehenden Universitäten unterbringen könnte. So ist die Frage in Frankfurt nie gestellt worden. Hier handelte es sich nur darum, ob es nicht ein dringendes Bedürfnis sei, die disjecta membra der schon vorhandenen Anstalten zu einem einheitlichen, planvoll organisierten Körper zu vereinigen, um sie so nicht nur für Frankfurt, sondern auch für die Allgemeinheit besser nutzbar zu machen.

Es handelte sich dabei um folgende Anstalten und Institute:

An die Spitze stelle ich diejenigen, welche schon heute Lehranstalten sind, die Akademie für Sozial- und Handelswissenschaften und die Anstalten des Physikalischen Vereins. Was die erstere alles in sich schließt, läßt sich mit einem kurzen Worte nicht sagen. Sie werden es im Laufe meines Vortrages genugsam erfahren. Der Physikalische Verein ist der Begründer und Träger einer Lehranstalt für die exakten Naturwissenschaften, Physik, Chemie, Astronomie mit allen ihren Anwendungsgebieten.

Ihnen schließen sich zwei Veranstaltungen mit vorwiegendem Lehrzweck an, die den beschreibenden Naturwissenschaften dienen, die Senckenbergische Naturwissenschaftliche Gesellschaft und die Dr. Senckenbergische Stiftung. Erstere besitzt ihr berühmtes naturwissenschaftliches Museum und veranstaltet Vorträge, letztere hat ein botanisches Institut, eine Anatomie und ist die Trägerin einer großen naturwissenschaftlich-medizinischen Bibliothek.

Die Senckenbergische Anatomie leitet uns nun hinüber zu den zahlreichen medizinischen Instituten der Stadt Frankfurt, die vorläufig nur Forschungszwecken und praktischen Zwecken dienen. In erster Linie sind hier das großartig ausgestaltete Städtische Krankenhaus mit seinen vielen einzelnen Anstalten und Kliniken und die im Anschluß daran bestehenden wissenschaftlichen Institute und Einrichtungen zu nennen. Außerdem steht die städtische Anstalt für Irre und Epileptische der zukünftigen Universität zur Verfügung. Dazu kommt eine große Zahl durch private Stiftungen geschaffene Kliniken, wie das Carolinum für Zahnheilkunde und Institute wie das Georg Speyer-Haus, das Neurologische Institut, das die Schöpfung eines Frankfurter Privatgelehrten ist, und das noch nicht in Tätigkeit befindliche Sternsche medizinische Institut, das der Physiologie und der Pharmakologie dienen soll.

Endlich wären als allen Fakultäten angehörige Universitätsinstitute zu nennen drei große, wissenschaftlichen Zwecken bestimmte Bibliotheken, nämlich die Stadtbibliothek, die Rothschildsche Bibliothek und die Senckenbergische Bibliothek, die zugleich einige Spezialbibliotheken von wissenschaftlichen Gesellschaften und Vereinen verwaltet. Als für die Universität wertvolle Unterrichtsmittel wären endlich die Archive des Sozialen Museums und der Gesellschaft für wirtschaftliche Ausbildung zu erwähnen, die in engerer lokaler Verbindung mit der Akademie für Sozial- und Handelswissenschaft stehen.

Die genannten Lehranstalten und Institute hatten außer den medizinischen Instituten und Kliniken nach einer von mir im Jahre 1911 gemachten Zusammenstellung schon einen Jahresetat von zusammen nahezu 850 000 *M.* Rechnete man dazu den Etat der medizinischen Institute mit 156 000 *M* und für die Kliniken nur einen den Kosten einer großen Universität für diesen Zweck entsprechenden Anteil von 750 000 *M* — die wirklichen Kosten belaufen sich auf weit mehr als das Doppelte — so ergab sich schon für die bestehenden universitätsmäßigen Einrichtungen in Frankfurt ein Jahresetat von rund 1 750 000 *M*, d. h. etwa ebensoviel wie der Aufwand für die mittleren Universitäten wie Göttingen, Königsberg, Bonn, Kiel. — Eine Universität zwar stellte die Gesamtheit dieser Anstalten noch lange nicht dar. Es fehlte eben der einheitliche Ausbau und der Zusammenschluß. Ueberall noch klafften gewaltige Lücken sowohl im sachlichen Bedarf, wie im Personal, die auszufüllen waren, wenn eine Universität entstehen sollte.

Wenn ich sage, daß die genannten wissenschaftlichen Anstalten und Institute in Frankfurt vorhanden gewesen seien und daß die Aufgabe der Universitätsgründung in deren Zusammenschluß bestanden habe, so dürfen Sie das zwar nicht so verstehen, als wenn alle diese Dinge von selbst und ohne jede Beziehung zu einer zukünftigen Universität entstanden wären und nur beim Anblick derselben eines Tages der Gedanke aufgetaucht wäre: Wie wäre es, wenn man diese Anstalten zur Universität vereinigte. Nur von den älteren Instituten und Anstalten, wie den Senckenbergischen und denen des Physikalischen Vereins gilt, daß an ihrer Wiege noch nichts von der zukünftigen Universität gesungen wurde. Dagegen darf man sagen, daß alle seit dem Jahre 1900 geschaffenen Anstalten mit Hinblick auf die Universität geschaffen wurden als Bestandteile, Vorläufer, Pioniere dieser. Nach einem weitblickenden, freilich oft genug gehemmten und durchkreuzten Plan ist alles vorbedacht und geschaffen worden. Wer daher in Zukunft die Geschichte der Gründung der Universität Frankfurt a. M. schreiben will, darf nicht mit dem Jahre 1911 beginnen, in dem der Plan zuerst in die Oeffentlichkeit trat, sondern er muß mehr als 10 Jahre zurückgehen.

Alle seitdem erfolgten Stiftungen und Gründungen für wissenschaftliche Zwecke, ich nenne nur die Georg- und Franziska-Speyer-Studienstiftung und die übrigen Speyerschen Stiftungen, die Theodor Sternsche Stiftung für ein medizinisches Institut, die Jügelstiftung sowie die der Akademie für Sozial- und Handelswissenschaften gemachten Stiftungen, alle waren im Grunde schon Stiftungen für die Universität, auch wenn diese Bestimmung nicht in ihren Satzungen ausgesprochen war. Es ist daher gewissermaßen immer die exoterische und die esoterische Geschichte zu unterscheiden. Die exoterische Geschichte besteht in allerlei Stiftungen und Gründungen zu verschiedenartigen Zwecken ohne Beziehung zur Universität, die esoterische in der Verbindung aller dieser durch unsichtbare Fäden, die zusammenliefen im Kopfe eines Mannes. Hier blieben sie einstweilen verborgen, bis der Zeitpunkt gekommen schien, wo man der Oeffentlichkeit die fertigen Tatsachen vor Augen stellen konnte.

Die äußere Geschichte der Universität ist daher zu beginnen mit der Gründung der Akademie für Sozial- und Handelswissenschaften im Jahre 1900. Sie wurde im Oktober 1901 eröffnet. Sie bildet den Keim und den Kristallisationspunkt, um den sich die Universität seit 14 Jahren gebildet hat, und sie wurde daher auch durch den Universitätsvertrag vom 28. September 1912 mit der Vornahme der Schritte beauftragt, welche zur Errichtung einer Universität notwendig sind. Sie wird dafür aber auch in der Universität aufgehen, mit ihrer Eröffnung sterben.

Auch die Entstehungs- und Entwicklungsgeschichte der Akademie muß unter doppeltem Gesichtspunkt betrachtet werden. Sie hatte zunächst einem unmittelbaren Zweck zu entsprechen, zugleich aber auch dem zukünftigen Ziele zuzustreben. Dabei soll natürlich keineswegs gesagt sein, daß der unmittelbare Zweck kein auch für sich erstrebenswerter gewesen sei, sondern nur, daß er nicht der einzige war, daß vielmehr neben dem zunächst hörbaren starken Ton auch schon die schwächeren Obertöne einer Zukunftsmusik leise mitklangen.

Der nächste und unmittelbare Zweck der Akademie war der, eine Handelshochschule zu sein. Die Handelshochschulbewegung stand damals in ihrer Blüte. Im Jahre 1898 war die erste Handelshochschule in Leipzig eröffnet worden. Ihr folgte Köln im Jahre 1900. Die Frankfurter Akademie war also die dritte Handelshochschule in Deutschland. Der ursprüngliche Zweck der Handelshochschule war bekanntlich, den führenden Geistern des Kaufmannsstandes die nötige höhere und vertiefte Fachbildung, dazu die erwünschte allgemein volkswirtschaftliche und politische Bildung zu geben, die nötig ist, um dem Kaufmann auch im öffentlichen Leben den ihm gebührenden Platz zu sichern. Die Frankfurter Akademie betonte außerdem die kaufmännische Bildung des Technikers, der ja im modernen Großbetrieb auch oft kaufmännische Funktionen zu erfüllen oder wenigstens kaufmännische Gedanken verständnisvoll mit durchzuführen hat. Es bestand hier eine Lücke in der auf den Technischen Hochschulen erworbenen rein technischen Bildung. Diese Lücke nachträglich auszufüllen, wollte die Akademie Gelegenheit bieten. Sie wandte sich hier also an Leute, die ihre eigentliche Fachbildung schon erworben hatten und die nachträglich in der Praxis das Bedürfnis einer Ergänzung empfunden hatten.

Damit war die Brücke geschaffen, über die auch der Jurist und Verwaltungsbeamte, denen auch der Mangel kaufmännischer Bildung meistens erst in der Praxis zum Bewußtsein kommt, zur Akademie geführt werden sollte. Die im Anschluß an die Akademie gegründete Gesellschaft für wirtschaftliche Ausbildung stellte sich die Aufgabe, zunächst Techniker, dann auch Juristen und Verwaltungsbeamte auf diesen Weg zu leiten.

Endlich sollten auch Lehrer der Handelswissenschaften an Handelsschulen an der Akademie ausgebildet werden. Es war dieses eines der dringendsten Bedürfnisse, denen die Handelshochschule genügen sollte.

Zur Bildung der Großkaufleute, die mit dem Auslande Geschäfte treiben, und ihrer Angestellten, sowie auch der Handelslehrer gehört nun die Kenntnis der Haupthandelssprachen. Ursprünglich hielt man den

Erwerb dieser Kenntnisse nicht für Hochschulsache, da es sich hierbei nur um Fertigkeiten, nicht um wissenschaftliche Erkenntnis handele. Man dachte daran, sie ganz den privaten, bloß auf Fertigkeit im Gebrauch der Sprache abzielenden Anstalten zu überlassen, jedenfalls ihnen nur eine ganz unbedeutende Rolle im Lehrplan einzuräumen. Dann tauchte der Plan auf, mit dem Sprachunterricht den Unterricht in den Realien des betreffenden Landes zu verbinden. Einen solchen Unterricht konnten nur gewiegte Kenner der Sprache des betreffenden Landes erteilen und so sah man sich dann doch wieder auf akademische Lehrkräfte hingewiesen. Und ohne daß man es eigentlich wollte, wurde schließlich der Stein, den die Bauleute zuerst verworfen hatten, zum Eckstein gemacht. Der Sprachunterricht an der Akademie wurde zum ersten Angriffs- und Stützpunkt der Bestrebungen, welche die Akademie über ihren ursprünglichen Zweck hinaus drängten.

Es wurden zwei Neuphilologen an die Akademie berufen, deren wissenschaftlich-philologische Vorlesungen und Uebungen über das rein linguistische Bedürfnis der eigentlichen Handelshochschule weit hinausgingen. Sie mußten daher selbst darauf bedacht sein, anderes Schülermaterial heranzuziehen. Dieses fanden sie zunächst in den akademisch gebildeten Lehrern der neueren Sprachen an den Frankfurter höheren Schulen; dann waren sie bestrebt, auch Studierende der neueren Sprachen für die Akademie zu interessieren. Es geschah zunächst durch eine Organisation zur besseren Ausbildung der Philologen in der lebenden Sprache. Im Anschluß an den Unterricht im Semester wurde der Ferienaufenthalt in Frankfurt und England von der Akademie aus vermittelt. Die Regierung interessierte sich für diese Bestrebungen und unterstützte sie, indem sie zwei an der Akademie verbrachte Semester beim Staatsexamen auf die Studienzeit anrechnete. Damit war der Akademie der Stempel einer philologischen Bildungsanstalt, wenn auch nur einer subsidiären, aufgedrückt. Daß der eine der Philologen erster Rektor der Akademie war und später einer der beliebtesten Dozenten für ein größeres Frankfurter Publikum wurde, trug auch wesentlich dazu bei, den Charakter der Akademie als einer reinen Handelshochschule zu verwischen.

Es war gewiß Zufall hierbei mit im Spiele. Die Wahl zum Rektor verdankte der Romanist in erster Linie seiner akademischen Ancienniät. Kein Mensch konnte die tatsächliche Entwickelung voraussehen. Doch sie widersprach keineswegs den Plänen des Lenkers der Geschicke der Akademie und wurde daher lebhaft auch von dieser Seite gefördert. —

Schon in den ersten Jahren der Akademie wurde auch der erste Schritt zur Verknüpfung derjenigen Bildungsanstalten getan, die wir heute durch den Universitätsvertrag verbunden finden. **Akademie** und **Physikalischer Verein** waren die ersten beiden Anstalten, die zueinander in nähere Beziehung traten. Im Anfang war die Verbindung nur eine sehr lose. Die Vorlesungen der Dozenten des Physikalischen Vereins wurden im Vorlesungsverzeichnis der Akademie mit angekündigt und bei der Wahl der Vorlesungsgegenstände auf die Bedürfnisse der Akademie ein wenig Rücksicht genommen. Außerdem stellte der Physikalische Verein dem nebenamtlichen Dozenten der Akademie für angewandte Chemie sein Laboratorium an einem Wochentage zur Verfügung. Doch schon im zweiten Jahre des Bestandes der Akademie wurde eine engere Beziehung angebahnt, indem einer der Dozenten des Physikalischen Vereins, der Inhaber des Lehrstuhls für Chemie, in das Dozentenkollegium der Akademie eintrat. Sachlich wurde dadurch nichts geändert. Der betreffende Dozent erfüllte nach wie vor seine Verpflichtungen gegen den Physikalischen Verein und kündigte seine dortigen Vorlesungen zugleich im Vorlesungsverzeichnis der Akademie an. Ein sehr großer Schritt jedoch war damit getan in organisatorischer Beziehung. Erstens war damit eine reine Naturwissenschaft unter die Lehrgegenstände der Akademie aufgenommen, und zweitens war unter Wahrung der wissenschaftlichen Selbständigkeit des Physikalischen Vereins dieser finanziell mit der Akademie aufs engste verknüpft. Diese trug die persönlichen und teilweise auch die sachlichen Kosten eines Lehrstuhls des ersteren.

Der finanzielle Zusammenhang mit dem Physikalischen Verein wurde in der Folge noch weiter vergrößert, indem einige Jahre später zwei weitere Lehrstühle des Physikalischen Vereins in die gleiche Beziehung zur Akademie traten wie der erste, nämlich der neubesetzte physikalische und der elektrotechnische. Größere Zuwendungen an die Akademie für naturwissenschaftliche Zwecke ermöglichten, einen vierten bedeutsamen Lehrstuhl des Physikalischen Vereins, für physikalische Chemie und Metallurgie, zu begründen.

Einen fünften Dozenten erhielt der Physikalische Verein von der Akademie dadurch, daß der Vertreter der Versicherungsmathematik an der Akademie zugleich Dozent der Astronomie am Physikalischen Verein wurde.

So kam es, daß schon im Jahre 1910 die Akademie indirekt eine naturwissenschaftliche Lehranstalt von ansehnlichem Umfange geworden war. Besaß sie doch Lehrstühle, wie die für Elektrotechnik und physikalische Chemie, dazu einen Dozenten für Astronomie, alles Fächer, die an Universitäten entweder überhaupt fehlen oder wenigstens nur ausnahmsweise vertreten sind. Dieser Umstand ließ einmal den Gedanken auftauchen, ob es nicht besser und einfacher wäre, die Akademie in der Richtung einer technischen Hochschule weiter zu entwickeln, ein Gedanke, der allerdings bald wieder vom Universitätsgedanken in den Hintergrund gedrängt wurde.

Denn man war inzwischen noch auf einem anderen Wege im Verfolg der schon erwähnten neusprachlichen Einrichtungen der Akademie der Universität nahe gekommen. Die finanzielle Möglichkeit hatte die Jügelstiftung geboten, deren zwei Millionen teils zum Bau des Gebäudes, in dem Sie, m. H., sich zur Zeit befinden, teils zur Errichtung von drei neuen Lehrstühlen verwendet wurden, die ganz und gar die Richtung auf die Universität hatten, nämlich der Lehrstühle für Philosophie, für Geschichte und für Germanistik. Alle drei hatten für die Handelshochschule nur sehr geringe Bedeutung, konnten jedenfalls nicht mit dem Bedürfnis dieser begründet werden. Diese drei in Verbindung mit den beiden neusprachlichen Lehrstühlen stellten den eigentlichen Embryo der philosophisch-historischen Fakultät der Universität dar.

Er wurde später in seinem Wachstum noch dadurch gefördert, daß zu dem ersten philosophischen Lehrstuhl, dessen Inhaber mehr zur psychologischen Richtung neigte, noch ein zweiter rein philosophischer geschaffen wurde. — Etwas später ermöglichte eine besondere Stiftung, auch die naturwissenschaftliche Abteilung der Akademie durch einen Lehrstuhl für reine Mathematik zu verstärken, wofür der bisherige Vertreter dieser Wissenschaft sich auf die angewandte Mathematik und Astronomie beschränkte.

Aber auch die juristische Fakultät, welche dem Gründer der Universität ganz besonders am Herzen lag, war schon im Keime angelegt. Zwei juristische Lehrstühle waren von Anfang an der Akademie vorhanden, ein privat- und handelsrechtlicher und ein öffentlich-rechtlicher. Neben diesen beiden figurierten aber im Etat der Akademie viele Jahre schon zwei andere als stille Reserven. Sie führten einstweilen nur ein finanzielles Dasein, waren aber jederzeit bereit, auch ins äußere Dasein zu treten. Die Zeit ist nun freilich erst mit der Eröffnung der Universität selbst gekommen. Im Rahmen der Akademie wäre in der Tat kaum für sie Raum gewesen, so weit man ihn auch sonst schon in anderen Richtungen gespannt hatte.

Die Expansion der Akademie in der Richtung auf Mathematik und Naturwissenschaften einerseits, auf die philosophisch-historischen Wissenschaften anderseits hat den Konkurrenten der Akademie auf dem Gebiete des Handelshochschulwesens manchmal Anlaß gegeben, den Charakter der Akademie als Handelshochschule vor der Oeffentlichkeit in Frage zu stellen. Richtig ist jedoch nur, daß diese Seite der Tätigkeit der Akademie von der reich entfalteten Tätigkeit auf anderen Gebieten etwas beschattet wurde. In Wahrheit aber ist bis heute die Handelshochschule entschieden der eigentliche Kern der Akademie geblieben. Ihren Einrichtungen als Handelshochschule verdankt sie bisher den weitaus größten Teil ihrer eigentlichen, immatrikulierten Studierenden, der sogenannten Besucher. Alle anderen Fächer haben nur eine relativ geringe Zahl von Studierenden der neueren Philologie, der Mathematik und Naturwissenschaften herangezogen und zur Hauptsache nur dahin gewirkt, daß die Zahl der Hospitanten und Hörer sich mehrte. Aber auch, was die Zahl der Dozenten betrifft, dient noch, trotz des Zuwachses der philosophischen Fakultäten etwa die Hälfte der hauptamtlichen Professoren wesentlich den Bedürfnissen der Handelshochschule, dazu der größte Teil der nebenamtlichen Dozenten und ein Teil der Privatdozenten. Nach dem Rücktritt des ersten Vertreters der Handelswissenschaft oder Privatwirtschaftslehre, wie dieses Wissensgebiet heute sachgemäßer bezeichnet wird, der ein Bahnbrecher auf diesem Gebiete war und ein Lehrer der meisten akademischen Vertreter dieser Wissenschaft in der jüngeren Generation, sind an die Stelle des einen Lehrstuhls drei, vorläufig zwei ordentliche und ein außerordentlicher, errichtet worden, was gewiß nicht auf einen Stillstand in dieser Richtung deutet. Die Privatwirtschaftslehre mit ihren drei Hauptzweigen, dem Warenhandel, dem Bankwesen, der Fabrikorganisation, ist damit an der Akademie in demselben Umfange vertreten wie an anderen Handelshochschulen. Und diese neue Wissenschaft wird auch an der zukünftigen Universität die ihr gebührende Pflege finden. Sie wird mit der Volkswirtschaftslehre und den übrigen Sozialwissenschaften außer der Rechtswissenschaft eine besondere Fakultät, die wirtschafts- und sozialwissenschaftliche bilden, die erste dieser Art an einer deutschen Universität. Sie ist von allen fünf Fakultäten, welche die Universität vorläufig besitzen wird, die einzige, welche jetzt schon nahezu fertig dasteht. Der Umstand möge rechtfertigen, daß ich sie hier zuerst nenne. Ein außerordentlicher Lehrstuhl für Statistik in dieser Fakultät ist erst für einen späteren Zeitpunkt in Aussicht genommen.

Gehen wir nunmehr die übrigen vier Fakultäten durch, um festzustellen, was jetzt schon von ihnen vorhanden ist und welche Lücken noch von der Universität auszufüllen sein werden, so werden wir bei dieser Gelegenheit auch auf diejenigen wissenschaftlichen Anstalten näher zu sprechen kommen, welche außer dem Physikalischen Verein zur Universität in ein Vertragsverhältnis getreten sind.

Zuerst ist die juristische Fakultät zu erwähnen, welche, wie bemerkt, an der Akademie zwei fertige und zwei latente Lehrstühle besaß. Letztere beide treten mit der Universität in das Stadium der Realität ein. Außerdem werden vier weitere Ordinariate geschaffen sowie vorläufig ein, später weitere zwei Extraordinariate.

Die philosophische Fakultät, welche die Philosophie, die philologischen und historischen Wissenschaften umfaßt, ist schon mit fünf Lehrstühlen an der Akademie vertreten. Sie erhält eine Ergänzung durch acht Ordinariate und drei Extraordinariate, von denen vorläufig nur eins errichtet werden wird.

Die juristische und die philosophische Fakultät waren die beiden am wenigsten fertigen, d. h. in den bestehenden Anstalten vorbereiteten Fakultäten. Der größte Teil ihrer Professoren mußte neu von auswärts berufen werden.

Anders steht es in dieser Beziehung mit der naturwissenschaftlichen Fakultät. Außer den acht an der Akademie bezw. im Physikalischen Verein vorhandenen Ordinariaten aus dem Gebiet dieser Fakultät, denen sich auch das für Geographie sowie das für Psychologie als Naturwissenschaft angeschlossen hat, werden drei Lehrstühle für beschreibende Naturwissenschaften, zwei ordentliche und ein außerordentlicher, dadurch mit schon vorhandenen Dozenten besetzt werden, daß die Dr. Senckenbergische Stiftung und die Senckenbergische Naturforschende Gesellschaft sich dem Universitäts-Vertrage angeschlossen haben und zur Universität in eine ähnliche Beziehung treten werden, wie die, in welcher der Physikalische Verein zur Akademie bisher stand und später zur Universität stehen wird. Das Verhältnis zwischen Akademie und Physikalischem Verein ist, wie schon erwähnt, für die Beziehung aller anderen Gesellschaften und Stiftungen zur Universität vorbildlich geworden. Sie behalten einerseits ihre Selbständigkeit soweit als möglich, insbesondere behalten sie ihr eigenes Vermögen und dessen Verwaltung, und das Verhältnis der Mitglieder zu den Gesellschaften wird durch den Universitätsvertrag nicht berührt. Anderseits stellen sie der Universität ihre Einrichtungen zur Verfügung, und ihre Dozenten werden Universitätsdozenten, unbeschadet etwaiger besonderer Verpflichtungen dieser ihnen gegenüber. Die Universität übernimmt dafür wieder verschiedene Gegenleistungen. Manchmal übernimmt sie ganz die Besoldung der Dozenten, manchmal leistet sie Beihilfen dazu, manchmal werden Beiträge zu den sächlichen Kosten der Institute geleistet, namentlich zu den Bau- und Einrichtungskosten.

Bei der Senckenbergischen Gesellschaft besteht die Leistung darin, daß sie zwei ihrer Dozenten, einen als Ordinarius, einen als Extraordinarius, zur Verfügung stellt und in sachlicher Beziehung ihr Museum mit seinen Schätzen zur Mitbenutzung überläßt. Die Gegenleistung der Universität besteht namentlich darin, daß diese die Institute der beschreibenden Naturwissenschaften für die Gesellschaft baut, einrichtet und betreibt. Die Dr. Senckenbergische Stiftung liefert in ähnlicher Weise der Universität ein botanisches Institut mit botanischem Garten. Ihre weiteren Leistungen wie die Gegenleistung der Universität liegen auf dem Gebiet der medizinischen Fakultät, weshalb wir sie hier übergehen.

Fügen wir noch hinzu, daß die naturwissenschaftliche Fakultät einen Extraordinarius der Geophysik vom Physikalischen Verein erhält, so erscheint damit auch diese Fakultät nahezu vollständig. Neu erscheinen werden ein Ordinariat für theoretische Physik, eines für Mineralogie und ein zweites für Mathematik. Die vorgesehenen Extraordinariate bleiben vorläufig noch unbesetzt.

Die medizinische Fakultät, der üblichen Rangordnung nach auf die juristische folgend, wird zur Hauptsache gebildet aus den schon vorhandenen Direktoren und Oberärzten des städtischen Krankenhauses, welche großenteils berufen wurden, als die Universität oder wenigstens eine medizinische Lehranstalt akademischen Charakters schon in Aussicht stand. Auch in sachlicher Hinsicht war hier der kommenden Universität schon weitblickend vorgearbeitet. Außer den städtischen medizinischen Professoren ist hier noch vorhanden der berühmte Direktor des Königlichen Instituts für experimentelle Therapie, der die vom Georg Speyer-Haus gestiftete Professur für Pharmakologie übernehmen wird. Ferner ist das Extraordinariat für Neurologie durch den Gründer des Neurologischen Instituts zu besetzen.

Die Dr. Senckenbergische Stiftung liefert der medizinischen Fakultät die normale Anatomie, nachdem allerdings die Universität den Bau und die Einrichtung dieses Instituts übernommen hat. Es blieben nur noch zwei Ordinariate und zwei Extraordinariate zu besetzen, um auch der medizinischen Fakultät eine Vollständigkeit zu verleihen, wie sie an keiner deutschen Universität außer Berlin vorhanden ist.

Was endlich die theologische Fakultät betrifft, die in der Rangordnung der Fakultäten bekanntlich obenan steht, so ist infolge der vielfachen Erörterung der Frage in Presse und Landtag wohl genugsam bekannt, daß die Frankfurter Universität diese Fakultät nicht haben wird, wenigstens vorläufig nicht. Sie ist durch das Universitätsstatut nicht ausgeschlossen. Ihr Fehlen wird mit dem Mangel an Bedürfnis begründet. Ein weiterer tristiger Grund war ein Mangel an Mitteln. Wenn auch bei einer Reihe von Stiftungen die Verwendung zum Zwecke einer evangelisch- oder katholisch-theologischen Fakultät nicht ausdrücklich ausgeschlossen war, so war sie doch in Gedanken ausgeschlossen gewesen, weil bei der Gründung der Frankfurter Universität niemals von der theologischen Fakultät die Rede war. Es wäre daher ein Unrecht gegen die Stifter gewesen, wenn man ihre Mittel für den genannten Zweck hätte verwenden wollen. Eine theologische Fakultät hätte nur entweder mit besonderen, für sie bestimmten Stiftungsmitteln oder aus öffentlichen Mitteln der Stadt oder des Staates begründet werden können. Die letztere Möglichkeit wurde ja bei den letzten Verhandlungen über die Frankfurter Universität im preußischen Landtage angedeutet. Der Keim einer theologischen Fakultät ist möglicherweise schon heute vorhanden in dem von einem Theologen geleiteten religionsgeschichtlichen Seminar, das eine Abteilung des Historischen Seminars der Akademie bildet und seine Bibliothek einer besonderen Stiftung verdankt. Im übrigen aber schlummert die theologische Fakultät noch ganz in der Zeiten Schoß.

Damit ist der Ueberblick beendet, den ich Ihnen, m. H., hier über die Entstehung der Frankfurter Universität aus den wissenschaftlichen Anstalten Frankfurts und über ihre Zusammensetzung bei Beginn ihrer Tätigkeit im Winter-Semester 1914/15 geben wollte. Ich könnte Ihnen noch viel Interessantes über die finanzielle Grundlage unserer Universität sagen. Es wäre keine große Kunst, eine Universität nach gegebenen Vorbildern zu gründen, wenn nicht dazu wie zum Kriegführen erstens Geld und zweitens Geld und drittens Geld gehörte. Ja, wenn man heute noch, wie im Jahre 1811 die Universität Breslau, eine Universität mit einem Jahresetat von 52 000 Talern begründen könnte! Doch heute reicht das Zehnfache dieser Summe noch lange nicht. Was die Universität Frankfurt im Ganzen eigentlich kosten wird, das wird bei der eigenartigen Zusammensetzung dieser Kosten aus Beiträgen verschiedenster Herkunft kaum je exakt zu ergründen sein. Im Universitätsetat erscheint nur ein Teil dieser Kosten, da namentlich die Kosten der medizinischen Fakultät, welche die Stadt zur Hauptsache trägt, in ihr nicht zum Ausdruck kommen. Außerdem fehlen in ihr die Kosten der drei Bibliotheken, die der Universität in Zukunft dienen werden. Sie betrugen schon im Jahre 1910 211 500 *M*, werden aber durch die Universität noch wesentlich erhöht werden. Ferner fehlen im Etat die Geldwerte der Naturalleistungen der zur Universität vereinigten Institute. Der „sichtbare“ Etat, so zu sagen, weist für das erste Halbjahr eine Ausgabe im Ordinarium von 507 750 M auf, was einer Jahresausgabe von 1 015 500 M entsprechen würde. Der „unsichtbare“ Etat enthält mindestens das $1\frac{1}{2}$fache dieser Summe, sodaß wir in Summa auf mindestens $2\frac{1}{2}$ Millionen M an Jahresaufwendungen kämen.

Diese Kosten aufzubringen, war selbst in einer so reichen Stadt wie Frankfurt keine Kleinigkeit. Mehr als einmal war der Gründer der Universität, der sicher einer der genialsten Finanzierer öffentlicher Unternehmungen und Anstalten ist, nahe daran, an der Möglichkeit der Kostendeckung zu verzweifeln. Er hat ursprünglich mit einem viel geringeren Bedarf gerechnet und ist Schritt für Schritt weiter gedrängt und zu weiteren Anstrengungen angespornt worden, nachdem einmal der Anfang gemacht war. Ich bin überzeugt, daß er gar nicht den Mut gehabt hätte, den Anfang zu machen, wenn er gleich diese gewaltige Endsumme vor Augen gehabt hätte. Und es ist doch gegangen. Ein Beweis für die alte Erfahrung, daß das Große in der Welt oft auf Grund von falschen Voraussetzungen über Mittel und Ziele entsteht.

Wie aber die Gründung trotz aller Hindernisse gelungen ist, so hoffen wir auch, daß der weiteren Entwicklung sich keine unüberwindbaren Hindernisse entgegenstellen werden. Wie ein Staat durch die Kräfte erhalten wird, die ihn geschaffen haben, so wird auch die Universität sich erhalten durch das, was sie gegründet hat: die Opferwilligkeit der Frankfurter Bürger.

Die turnerische und sportliche :: Betätigung des Studenten ::

Von Hauptmann Carl Freiherr von Seckendorff, Metz.

Ein unfreundlicher Maientag ist angebrochen. Graue Wolken liegen schwer über Groß-Berlin. Der Himmel droht jeden Augenblick seine Schleusen zu öffnen. Gleichwohl umstehen Tausende von Zuschauern den neu geschaffenen Hochschul-Sportplatz im Grunewald. Die Abgeordneten der Berliner Hochschulen haben sich in vollem studentischen Wichs mit flatternden Bannern eingefunden, ihren Kaiser zu begrüßen. Auf dem grünen Spielplatz harren Hunderte prächtiger Jünglingsgestalten in weißem Sportanzug, bereit, ihr turnerisches und sportliches Können dem Kaiser vorzuführen. Die Rektoren der Berliner Hochschulen, ein großer Teil der Professorenschaft, die Spitzen der staatlichen, militärischen und städtischen Behörden wollen Zeuge des seltenen Schauspiels sein. Kurz nach 11 Uhr erscheint der Kaiser und die Kaiserin; die Majestäten werden vom Rektor der Universität, Geh. Rat Professor Dr. Planck, in das Kaiserzelt geleitet. Ein hundertstimmiger Chor der Studenten eröffnet mit dem Liede: „Empöret auch die ganze Welt sich wider uns im Krieg" die Feier. Der Kultusminister Exzellenz v. Trott zu Solz ergreift das Wort zu markiger Rede. Er knüpft an das Wort des Kaisers an, das er beim Empfang des Studentenausschusses nach dem Fackelzug bei der Jahrhundertfeier geäußert hat und das heute (26. Mai 1914) der Erfüllung bedeutend näher gerückt ist, daß gesundheitsfördernde Leibesübungen an die Stelle des überlieferten Kneipenlebens treten mögen. Mit dem Wunsche, daß nun die 14 000 Berliner Studierenden auch den Platz eifrig benutzen möchten, übergibt der Minister das Geschenk dem Rektor der Universität. Nachdem dieser mit herzlichen Worten des Dankes den Platz übernommen hat, entwickelt sich auf dem grünen Rasen lebhaftes Treiben. In langen Reihen rücken ½ Tausend Mitglieder der Verbände des Berliner akademischen Turn- und Sportausschusses auf den Platz und führen unter schneidiger Leitung Freiübungen vor.

Rasch folgen sich die verschiedenen leichtathletischen Wettkämpfe im Laufen, Springen und Werfen. Ein Hockeyspiel zwischen dem Akademischen Turnbund und dem Akademischen Sportbund endet unentschieden. Die Barrenriege des Akademischen Turnvereins Berlin erringt sich durch mustergiltige Leistungen den Kaiserpreis. Mit einem Kaiserhoch und mit dem alten prächtigen Reiterlied aus Wallensteins Lager schließt die Feier. Der Hochschulsportplatz der Berliner Studentenschaft hat seine Weihe erhalten. — — —

M. H.! Wer hätte noch vor kurzem eine derartige Feier, vor allem aber eine derartige Begeisterung der deutschen Studenten für Turnen, Spiel und Sport für möglich gehalten? Wer hätte geglaubt, daß man in Deutschland 90 000 *M* für die Anlage eines Sportplatzes für die studierende Hochschuljugend aufbringt? Und wer hätte den Mut gehabt, 10 000 *M* jährliche Unterhaltungskosten für einen einzigen Platz sicher zu stellen?

Wissen wir doch, daß noch im Sommer 1909 von den 21 deutschen Universitäten nur 7 einen eigenen Spielplatz besaßen und von den 10 technischen Hochschulen nur eine einzige (Aachen) einen solchen ihr eigen nennt. Ist es nicht mehr wie betrübend, daß noch 1909 von unsern 65 857 deutschen Studenten nur 9071, das sind von 100 nur 13,77 Turnen, Spiel oder Sport betrieben? Um Ihnen die Unterlassungssünden auf diesem Gebiete so recht vor Augen zu führen, muß ich Ihnen doch noch mit einigen Zahlen aufwarten. Die Zahlen der im Jahre 1909 sich regelmäßig an Leibesübungen beteiligenden Studierenden zeigen, daß der Universitätsstudent noch bequemer, d. h. körperlich untätiger ist wie der Studierende der technischen Hochschule. Während von 55 236 Universitätsstudenten nur 6770 Turnen, Spiel oder Sport betreiben, das sind 12,28 vom Hundert, ziehen von den 10 621 Studierenden der technischen Hochschulen immerhin schon 2301, das sind 21,66 vom Hundert die Turnhalle, den Sportplatz und den grünen Rasen der Kneipe vor. Im Norden liegen die Verhältnisse am günstigsten, wenn von einem Superlativ überhaupt die Rede sein kann: die Universität Greifswald und die technische Hochschule Aachen stehen mit 23,37 bezw. 41,01 vom Hundert sich körperlich betätigender Studenten an erster Stelle. Ich verweise nochmals auf den Abstand der beiden an der Spitze marschierenden Hochschulen. Von 100 technischen Hochschülern widmen sich 41,01 den Leibesübungen, von 100 Universitätsstudenten sind es nur 23,37. M. H.! Eine Frage: Uebt hier nicht die Vorschule einen bedenklichen Einfluß aus? Woher bezieht die technische Hochschule, woher die Universität ihren Ersatz? Ich fürchte, das humanistische Gymnasium spielt hier eine bedenkliche Rolle! — Dieser Eindruck verstärkt sich noch, wenn wir erfahren, daß die am ungünstigsten dastehende technische Hochschule Darmstadt mit 9,41 v. H. nicht weniger wie 6 ihr gleich oder noch schlechter stehende Universitäten mit körperlich unlustigen Studierenden zu Schwestern hat. Es sind: Jena mit 9,75, Leipzig mit 9,51, Breslau mit 9,19, Münster mit 9,14, Freiburg mit 8,51 und schließlich Straßburg mit nicht mehr als 7,42 v. H.! M. H! Ich betone es ausdrücklich, in Straßburg beteiligt sich im Jahre 1909 nur jeder 13. Student regelmäßig an Leibesübungen, und an sämtlichen deutschen Hochschulen durchschnittlich erst jeder 7.! — — —

Und dabei war im letzten Jahrzehnt (1899—1909) bei der Mindestbeteiligung ein Aufschwung von 2 v. H. zu 7 v. H. und bei der Höchstbeteiligung ein solcher von 12 v. H. auf 41 v. H. festzustellen. Bei einigen Hochschulen ließ sich eine erfreuliche Zunahme bis zu 25 v. H. erkennen, bei anderen aber nur geringes Wachstum, bei einzelnen war sogar

Stillstand eingetreten. Diese — Sie werden das zugeben — doch recht traurigen Verhältnisse werden erst dann anders werden, wenn jede Hochschule einen Turnraum und einen Spielplatz besitzt, wo der gesamten studierenden Jugend Gelegenheit zur körperlichen Ertüchtigung unter sachverständiger Leitung gegeben ist. Daß auch in dieser Hinsicht bis vor kurzem noch bedenkliche Mängel bestanden, beweist die Tatsache, daß an 7 von 21 Universitäten keine Turnlehrer angestellt waren und daß es unseren deutschen Studenten nur an 10 Universitäten möglich ist, die Turnlehrerprüfung abzulegen! Noch ungünstiger liegen diese Verhältnisse an den 10 technischen Hochschulen, von denen nur 4 einen Turnlehrer angestellt haben. Auch hier muß Wandel geschaffen werden. Seit Fichte, Jahn und Arndt, die für Turnen und Spiel mit der ganzen Macht ihrer Persönlichkeit eintraten, ist ein ganzes Jahrhundert nahezu ungenützt dahin gegangen. Staat und Hochschulbehörden müssen die für die Körperpflege der studierenden Jugend erforderlichen Einrichtungen fernerhin kräftig fördern. Durch Rat und Tat müssen Lust und Liebe an körperlichen Uebungen, wie sie sich in studentischen Kreisen zweifellos schon seit Jahrzehnten zeigt, gehegt und gepflegt werden. Für den körperlich nur irgendwie tauglichen Studenten muß regelmäßige Körperpflege zum Pflichtgebot gemacht werden. Denn notwendiger denn je erscheint es, daß unsere studierende Jugend, die geistigen Träger der Zukunft unseres Volkes, körperlich ertüchtigt werde. Und Pflicht eines jeden Deutschen ist es, daran mitzuarbeiten. Das lehren uns deutlich die Tauglichkeits- und Untauglichkeitsziffern der zum einjährig-freiwilligen Dienst berechtigten Wehrpflichtigen.

Nach einer Zählkartenforschung, die die Medizinalabteilung des Königl. Preuß. Kriegsministeriums im Jahre 1904 eingeleitet hat, sind von den genannten Wehrpflichtigen 65 v. H. militärtauglich. Für alle zum einjährig freiwilligen Dienst Berechtigten ist allerdings die Tauglichkeit im Durchschnitt nicht schlechter als bei der Masse der wehrpflichtigen Bevölkerungsschicht. Zu berücksichtigen bleibt jedoch, daß an die zum freiwilligen Dienst sich Meldenden die zulässig niedrigsten Anforderungen gestellt werden. Gleichwohl schieden im Jahre 1909 von 80 454 jungen Leuten, die den Berechtigungsschein hatten, 27 804 als zur Zeit untauglich aus. Von den 50 650 verbleibenden wurden 32 594 als militärtauglich eingestellt, 17 813 als dauernd untauglich erklärt; demnach sind rund 65 v. H. diensttauglich und 35 v. H. dauernd oder zeitlich dienstuntauglich. Nach Oberstabsarzt Prof. Dr. Schwiening — vergl. Lehrbuch der Militärhygiene — Berlin 1913, Verlag von August Hirschfeld — ist es aber festgestellt, daß die Tauglichkeit um so mehr abnimmt, je länger die Zwischenzeit zwischen dem Verlassen der Schule und der Untersuchung auf Dienstfähigkeit gedauert hat. Tritt nun der Student nicht unmittelbar nach Abgang vom Gymnasium usw. in den Militärdienst, so verschiebt sich die Untauglichkeitsziffer zu ungunsten der studierenden Jugend. Einen weiteren Einfluß auf die Untauglichkeitsziffer hat die Art der besuchten Schule. Für den Ersatz der Hochschulen ist es wichtig zu erfahren, daß das Gymnasium und Realgymnasium die wenigsten, die Oberrealschulen und Realschulen die meisten Tauglichen von den zum Einjährigen-Dienst Berechtigten liefern. Diese Tatsache überrascht den nicht, der weiß, daß an unseren höheren Schulen jeder zehnte Knabe ein solcher Schwächling ist, daß er nicht einmal wöchentlich 3 Stunden turnen darf, wie dies Prof. Otto Hesse festgestellt hat (vergl. „Körper und Geist“ 1910, Heft 16). Nach Hesse waren an den höheren Lehranstalten Preußens im Schuljahr 1909/10 auf Grund ärztlicher Anordnung, also infolge körperlicher Schäden, von je 1000 Schülern 107 vom Turnunterricht befreit, davon 88 vollständig, 19 von einzelnen Uebungen. Aus anderen Gründen waren schätzungsweise vom Turnen befreit 70—90 von je 1000 Schülern, so daß sich schließlich der fünfte Teil aller Schüler höherer Lehranstalten in Preußen als vom Turnen „dispensiert“ ergeben. Und es gibt höhere Schulen, an denen der dritte Teil der Schüler nicht turnt! Im besonderen sind vom Turnen befreit: an der Realschule 71, am Realgymnasium 90, am humanistischen Gymnasium 102 vom Tausend. Mit dieser Feststellung wird auch die schon besprochene Tatsache begreiflicher, daß sich von den Universitätsstudenten ein ganz gut Teil weniger dem Turnen, Spiel und Sport widmen wie von den Studierenden der technischen Hochschulen. Würde auf den höheren Schulen, vor allem aber auf den Gymnasien, mehr in der körperlichen Heranbildung der Jugend geleistet, so wäre der Eifer zur Sache auch bei den Studenten größer. Unbedingtes Erfordernis zu Nutz und Frommen unserer studierenden Jugend ist es daher, daß sich Staat und Schulbehörde, Eltern und Lehrer künftig gründlicher mit dieser Frage beschäftigen. Diese Forderung muß aber um so dringender erscheinen als ferner festgestellt ist, daß bei den zum Einjährigen-Dienst Berechtigten die inneren Krankheiten, bei den übrigen Gestellungspflichtigen die äußeren Krankheiten vorherrschen. Auch da zum Vergleich und besseren Verständnis einige Zahlen: Von je 100 Untersuchten waren 1904/06 untauglich zum aktiven Dienst:

wegen:	bei den zum einjähr. Dienst Berechtigten	sonstigen Militärpflichtigen
Krankheiten des Herzens	5,1	2,8
Augenbrechungsfehler	3,6	2,2
Krankheiten der Lungen usw.	1,6	0,94
Fettleibigkeit	0,78	0,14
Kropf	0,54	0,29
Krankheiten der Harn- und Geschlechtsorgane	0,47	0,43
Krankheiten des Nervensystems	0,36	0,16
Krankheiten der Verdauungsorgane	0,33	0,11
Narben	0,90	0,80
Verbiegungen der Wirbelsäule	0,49	0,31

Bei allen übrigen Leiden wie allgemeine Schwächlichkeit, Krankheiten der Gliedmaßen und Gelenke, Unterleibsbrüche, Krankheiten der Ohren,

Plattfuß, Krampfadern, Verkrüppelungen, Epilepsie, schlechte Zähne usw. stellt der zum Einjährigen-Dienst Berechtigte die geringere Zahl der Untauglichen.

Eine große Gefahr droht uns aber noch von unseren Schulen: die Kurzsichtigkeit. Es kann auf dieses schleichende Gespenst nicht eindringlich genug hingewiesen werden; ganz abgesehen davon, daß eine Reihe Militärpflichtiger — es sind 7,6 v. H. — allein wegen Augenleiden völlig militäruntauglich wird, handelt es sich um einen der wichtigsten Sinne unserer Jugend. Nach der Rekrutierungsstatistik hatten von 25 246 zum einjährig-freiwilligen Dienst berechtigten jungen Leuten, die das Gymnasium besucht haben, nicht weniger wie 12 063, das sind 47,8 v. H., Fehler des Sehvermögens. Eine kleiner Trost ist dabei, daß sich die Augenfehler abstufen. Von sämtlichen Abiturienten des humanistischen Gymnasiums hatten, wie bereits erwähnt, 47,8 v. H. Fehler des Sehvermögens, nach Ausgleich etwaiger Brechungsfehler hatten auf einem oder beiden Augen volle Sehschärfe 31,5 v. H., an Sehschwäche auf beiden Augen litten 16,2 v. H., an Kurzsichtigkeit auf einem oder auf beiden Augen litten 36,9 v. H. der endgiltig Abgefertigten. Die Art der Schule hat auch hier ihren Einfluß:

das Realgymnasium hat *nur*	44,4	v. H. Fehler des Sehvermögens,
„ Progymnasium	45,4	
„ Realprogymnasium	45,1	
die Oberrealschule	39,6	
„ Realschule	42,2	
das Seminar	35,4	
die Handelsschule	36,2	
„ Industrieschule	43,1	
„ Landwirtschaftsschule	26,5	
„ Privatschule	39,1	

so daß wir einen Gesamtdurchschnitt von 44,5 zu verzeichnen haben.

M. H.! Wie viele deutscher Jünglinge werden nur infolge mangelnder Sehschärfe um ihren Beruf betrogen; ich weise nur kurz auf die Berufe des Land- und Seeoffiziers, des Forstmanns, der Handelsmarine, der Maschinentechnik und des Eisenbahndienstes hin. Aber selbst die, die dank der Erfindung der Brille ihre mangelnde Sehschärfe auszugleichen vermögen, sind nicht ganz vollwertig. Sie sind und bleiben von einer gläsernen Krücke, ihrer Brille, abhängig. Wehe, wenn das „Augenglas“ zerbricht oder verloren geht!

Ich habe diese Betrachtungen über die Tauglichkeit zum Militärdienst hier angestellt, weil *Wehrkraft und Volkskraft innig miteinander verwachsen sind*. Je mehr die Heeres-Tauglichkeitsziffern eines Volkes zurückgehen, desto mehr wird die Leistungsfähigkeit dieses Volkes im Völkerwettbewerb herabsinken. Je mehr Militär-Untaugliche ein Volk aufzuweisen hat, desto weniger wird es befähigt sein, seine heiligsten Güter: Thron, Vaterland und Volksehre zu verteidigen. Ein Volk aber, das dazu nicht mehr im Stande ist, hat seine Daseinsberechtigung verloren! Mag der liebe Nachbar das Fortbestehen des Schwächlings dulden oder nicht!

Deshalb, m. H.! rufen wir laut hinaus in alle deutschen Gaue: **Auf zum Kampf gegen die Fäulniserscheinungen in unserem Volke!** beginnen wir dort, wo wir verhältnismäßig leichteste Arbeit haben — bei unserer Jugend. Sie ist noch schmiegsam und biegsam, entwickelungs- und begeisterungsfähig, arbeits- und opferfreudig.

Auf zum Kampf gegen Muskelarmut, Engbrüstigkeit und krummen Rücken! Heraus aus der engen qualmerfüllten Kneipe, hinaus in Feld und Wald, hinein in die Turnhallen, hinauf auf die Berge, hinein ins Ruderboot und hinaus auf die Spielplätze!

Burschen heraus!

M. H.! Als vor 100 Jahren für Deutschland die Zeit der tiefsten Erniedrigung gekommen war, erklang zuerst an den deutschen Hochschulen der Ruf nach Befreiung. Deutsche Professoren und deutsche Studenten waren die ersten, die zum Kampf gegen den korsischen Bedrücker aufforderten. Deutsche Professoren und deutsche Studenten waren die ersten, die mit dem alten Vater Jahn hinaus auf den Turnplatz zogen, um den Körper für den bevorstehenden Kampf zu stählen. Die Wiedergeburt des deutschen Volkes begann. Die Begeisterung für das Jahnsche Turnen blieb glücklicherweise nicht allein auf Berlin beschränkt. Bald bildeten sich akademische Riegen auch in Königsberg, Halle, Leipzig, Jena, Gießen, Bonn, Heidelberg, Tübingen und Erlangen. Turnplätze und Turnanstalten wurden errichtet; die erste Universitäts-Turnanstalt war in Erlangen bereits im Jahre 1806 von Dr. Roux ins Leben gerufen worden. Vater Jahn, der treue Berater der akademischen Jugend während der Zeit der Franzosenherrschaft und während der Freiheitskriege hatte einen „Entwurf der Ordnung und Einrichtung der deutschen Burschenschaft“ ausgearbeitet. So kam es, daß die deutschen Burschenschaften das Turnen neben der geistigen Ausbildung als das Ziel des Universitätsstudenten betrachteten. Aus dem Jahre 1817 wird uns von dem Wartburgfest der Burschenschaften berichtet, daß die Jenaer und Berliner Burschenschaft Turnspiele durchführten. 1818 veranstalten Gießener Studenten auf dem Kreuzberg in Bonn eine turnerische Oktoberfeier und 1819 findet eine solche von Professoren und Studenten der erst seit einem Jahre gegründeten Bonner Universität statt. Die körperliche Ertüchtigung der studierenden Jugend war in die schönsten Bahnen geleitet. Da wurden infolge der Unglückstat des Jenenser Burschenschafters Sand, der Ermordung Kotzebue's, die Burschenschaften aufgehoben und das Turnen verboten. Die Regierungen glaubten im Turnen demagogische Umtriebe erblicken zu müssen. Dieses Verbot, die sogenannte „Turnsperre“ wurde erst im Jahre 1842 durch König Friedrich Wilhelm IV. aufgehoben; denn er erkannte, daß das Turnen ein hervorragendes Volks-Erziehungsmittel sei. Während der Turnsperre wurden zwar an einigen Universitäten von einigen wenigen Begeisterten, so von Ernst

Moritz Arndt in Bonn, turnerische Uebungen heimlich weiterbetrieben, im großen und ganzen waren und blieben die Turnplätze verwaist. Auch nach Aufhebung der Turnsperre sollte das akademische Turnen nicht mehr hochkommen, bis im Jahre 1860 das allgemeine Deutsche Turnfest in Coburg den Umschwung brachte. Die akademischen Turnvereine (A. T. V.) in Berlin und Göttingen wurden gegründet; ihnen folgten Neugründungen in Erlangen, Graz, Münster und Leipzig, das Jahr 1870 brachte zwar ein Kartell zwischen Berlin, Graz und Leipzig, allein der Krieg, der auch die akademischen Turner ins Feld rief, brachte das Kartell zu Fall. Erst das Jahr 1872 sollte der akademischen Turnsache neues Aufleben bringen. Nachdem sich die A. T. Ve. Berlin, Graz und Leipzig zu einem neuen Kartellverband zur Verbreitung des Turnens auf den deutschen Hochschulen zusammengeschlossen hatten, ging es rasch vorwärts. In Greifswald, Halle, Breslau, Königsberg, Bonn, München, Straßburg, Marburg und Würzburg gründeten sich in rascher Folge Vereinigungen dieses Kartells. Im Jahre 1882 wird in Sangerhausen ein akademisches Turnfest gefeiert, bei dem zum ersten Male bei einem deutschen Turnfeste die Turnspiele besondere Beachtung fanden.

Leider sollte deutsche Eigenbrödelei zu einer Trennung der A. T. Ve. führen. Couleur oder Nicht-Couleur, das war die Frage! Die nicht-farbentragenden Verbindungen traten aus dem K. V (Kartell-Verband) aus und schlossen sich im Akademischen Turnbund (A. T. B.) zusammen, während die farbentragenden den Namen K. V. in V. C. (Vertreter-Convent) änderten, sich selbst aber später Turnerschaften nannten. Die Zahl der Turnerschaften des V. C. beträgt z. Zt. 58 mit über 7000 Mitgliedern, von denen 1800 studierende Mitglieder sind. Ihr Wahlspruch Mens sana in corpore sano möge der Leitstern der gesamten deutschen Studentenschaft werden, mögen sie einer Vereinigung oder Richtung angehören wie sie auch wollen; denn eine gesunde Studentenschaft ist auch gesunde Volkskraft!

Gleiche turnerische und sportliche Grundsätze wie der V. C. hat der im Jahre 1883 gegründete akademische Turnbund. Er hat Förderung und Ausbreitung der akademischen Turnsache, im Sinne und wenn möglich gemeinsam mit der „Deutschen Turnerschaft", auf sein Banner geschrieben. Er verbietet seinen Vereinen Couleur zu tragen außer bei festlichen Gelegenheiten in Schleife. Der A. T. B. gibt heute unbedingte Satisfaktion. Freundschafts-, Verabredungs-, Bestimmungs-, Reinigungsmensuren, überhaupt Mensuren ohne vorangegangene Beleidigung sind jedoch — im Gegensatz zum V. C. — verboten. Ihm gehören z. Zt. 40 akademische Turnvereine und -Verbindungen an Universitäten und Hochschulen an.

Beide Gruppen aber sind die Träger und Stützen der deutschen Turnsache an unseren Hochschulen. Ihnen gebührt zweifellos das hohe Verdienst, der vernünftigen Pflege der Leibesübungen auf Deutschlands hohen Schulen erfolgreichen Eingang verschafft zu haben. In bestimmten Zwischenräumen oder auf den Festen der Deutschen Turnerschaft zeigen sie an ihren besonderen öffentlichen Turnfesten, daß es ihnen mit der Pflege des Turnens und Spielens, und auch des Ruderns und Schwimmens wirklich Ernst ist. Ihr Beispiel und ihr Wetteifer hatte auch auf die anderen studentischen Vereinigungen — farbentragende und nicht farbentragende — günstigsten Einfluß. So nahmen die Vereine deutscher Studenten, der Wingolf- und der Schwarzburgbund, ein Teil der wissenschaftlichen Vereine, katholische Verbindungen und Vereine das Turnen auf. Nach langer Zeit erinnerten sich auch die Burschenschaften daran, daß sie dereinst zu den Zeiten des Vaters Jahn die Pflege der Körperübungen in ihren Satzungen hatten. Der deutsche Kronprinz hat jüngst dem Vorsitzenden des Ausschusses durch ein wohlwollendes Schreiben seine Anerkennung ausgedrückt. Dabei hat er besonders betont, daß das Vorgehen der D. B. für die gesamte Studentenschaft vorbildlich sein möge, namentlich im Hinblick auf die Berliner Olympiade im Jahre 1916.

Außerhalb des V. C. und A. T. B. bestehen an technischen Hochschulen noch 3 Turnerschaften, an den Bergakademien 2, an den Handelshochschulen 5.

Seit den 80er Jahren bildeten sich auf einigen Universitäten freie akademische Spiel-Verbindungen, auf anderen wurden von akademischen Spielklubs besondere Sportzweige wie Fußball, Tennis u. a. gepflegt. In den letzten Jahren entstanden auf fast allen Hochschulen Sport- und Spielvereinigungen, die sich außer Turnen die Pflege jeglicher Leibesübungen wie Hockey, Lawn-Tennis, Leichtathletik, Schwerathletik, Boxen, Rudern, Schwimmen, Fechten, Fußball usw. zur Aufgabe setzten. Alle diese Klubs will der Akademische Sportbund (A. S. B.) zusammenfassen. Gegründet wurde er im Juli 1909 gelegentlich des ersten deutsch-akademischen Turn- und Rasensportfestes in Leipzig, des sogenannten „Akademischen Olympia", das anläßlich der 500jährigen Jubelfeier der Universität Leipzig stattfand.

Der A. S. B. bezweckt die Pflege gesunder Leibesübungen unter allen jetzigen und ehemaligen Angehörigen deutscher Hochschulen. Jedem Angehörigen einer studentischen Korporation bietet er, unbeschadet seiner korporativen Verpflichtungen, die Möglichkeit, den ihm zusagenden Sportarten obzuliegen. Durch jährliche Veranstaltung eines „Akademischen Olympia", sowie Veranstaltung anderer sportlicher akademischer Feste und Wettkämpfe (Hochschulmeisterschaften usw.) will er auf allen sportlichen Gebieten fördernd und einigend wirken. Durch solche Arbeit hofft er, den vielfach noch vorhandenen Gegensatz zwischen Turnen und Sport auszugleichen. Heute hat er bereits 55 akademische Sportvereinigungen um sich geschart. Anfänglich begegnete der A. S. B. dem Mißtrauen der deutschen Sport-Verbände, er fand Gegnerschaft in akademischen Kreisen und stand dem mangelnden Verständnis und der Gleichgiltigkeit des einzelnen Studenten wie auch ganzer akademischer Vereine gegenüber. Diese großen Schwierigkeiten hat der A. S. B. heute zum Teil schon überwunden und wird sie bei der zielbewußten Leitung des 1. Vorsitzenden Dr. Mallwitz sicher auch noch gänzlich bezwingen. Daß der A. S. B.

grundlegende Umwälzungen auf dem Gebiet des studentischen Lebens gebracht hat, ist zweifellos. Ein gutes Stück Mut gehörte jedenfalls dazu, die Pflege des Sports unter Verwerfung der alten akademischen Sitten auf sein Banner zu schreiben. Die Betonung einer hygienischen Lebensführung als eines neuen Kulturfaktors im deutschen Studentenleben, vor allem aber die Bekämpfung des Alkoholmißbrauches, durch den heute noch so manche studentische Korporation ihre besten Kräfte vergeudet, ist wohl eines seiner wesentlichsten Verdienste.

So stehen wir heute auch im akademischen Leben an der Schwelle einer neuen Zeit. Neue Werte, um die der Student zu kämpfen hat, wurden eingeführt. Im deutschen Studenten soll ein homo novus heranwachsen. Der alte Student, dessen gute deutsche Eigenschaften wie Vaterlandsliebe, Mannesmut, Freundschaftssinn nie verschwinden mögen, muß aber ein anderer werden. Vor allem aber müssen die Auswüchse gründlich beseitigt werden. Mit dem Einglas bewaffnete, Zigaretten rauchende und blasiert in die Welt sehende Jüngelchen, über die Hauptstraße der Universitätsstadt schlendernde, rechts und links anrempelnde, Bier in Unmassen vertilgende und Skat bis zum Weltrekord dreschende, mit Schmerbauch behaftete, ihren „Wechsel“ verzehrende Renommisten, aber auch ewig emsige, nie Zeit habende, stets Kolleg reinschreibende Stubenhocker und Bücherwürmer müssen aus dem studentischen Leben verschwinden! Sie werden es, wenn unsere deutsche Studentenschaft das Wort unseres Reichskanzlers beherzigt, das da lautet: „Für die Pflege und Vermehrung des Sports kann nicht genug geschehen, um die Jugend und die überschüssige Kraft der Jugend auf ein Gebiet zu lenken, wo sie der Stärkung von Körper und Geist unmittelbar dient.“ Der geistigen Pflege wurde bis heute auf unseren höheren Schulen und nicht zum mindesten auf unseren Hochschulen angestrengteste Arbeit von Lehrern und Schülern gewidmet. Wie aber stand es und steht es auch heute noch um die Pflege des Körpers? Die einen scheuen sich wegen körperlicher Schwäche, das eigentlich zum Lehrplan gehörende Turnen mitzumachen, statt daß sie freudig die Gelegenheit ergreifen, das ihnen von Natur oder durch Erziehung anhaftende körperliche Minus durch eifrigste Leibesübungen zu ergänzen, die anderen von Natur begnadeten vergeuden ihre Körperkraft in fortgesetztem Lebenswandel: Frühschoppen, Dämmerschoppen, Abendkneipe und anderen von den einzelnen Korporationen zum Teil gestatteten — wenn auch sine colore — zum Teil verbotenen Ablenkungen. Möchten sie doch alle das Wort Posadowskys beherzigen: „Die Zukunft wird dem Volke gehören, das sich körperlich am widerstandsfähigsten und damit am wehrfähigsten hält.“

Wehrfähig zu sein gilt es heute aber nicht nur im Sinne der Wehrpflicht, sondern in erster Linie im Kampfe ums Dasein. Der Wettbewerb auf allen Gebieten, in allen Berufen ist heute derart, daß nur der körperlich und geistig Tüchtige vorwärts kommt. Körperliche Schwächlinge bleiben abseits liegen; denn über geistige Energie verfügt nur der, der über entsprechende körperliche Energie verfügt. Der homo novus, aufgewachsen und gekräftigt in Luft und Sonne, gestärkt und gestählt durch turnerische und sportliche Uebungen, erprobt und bewährt in Wettkämpfen körperlicher Art, wird wie im olympischen Stadion frisch und wagemutig auch im Stadion der Wissenschaft und im Stadion des Lebens ein streitbarer Kämpfer und lorbeergeschmückter Sieger sein.

M. H.! Wenn wir auch mit Freuden feststellen konnten, daß sich der Sinn für Leibesübungen auch bei unserer studierenden Jugend immer mehr entwickelt, wenn wir auch gesehen haben, daß gerade in den letzten Jahren auf turnerischem und sportlichem Gebiet ein nicht mißzuachtender Aufschwung erfolgt ist, so müssen wir doch beschämend gestehen, daß die Masse der deutschen Studenten für die großen Tagesforderungen unserer nationalen Sportbewegung — ich verstehe darunter jede regelmäßige körperliche Betätigung — noch herzlich wenig, zum Teil gar kein Verständnis hat, gewisse Kreise sich sogar ablehnend verhalten. Auf diesem Gebiete durch Wort und Schrift, durch Rat und Tat unermüdlich aufklärend und werbend gewirkt zu haben, ist unstreitiges Verdienst des Zentralausschusses für Volks- und Jugendspiele in Deutschland, der 1891 durch den Landtagsabgeordneten v. Schenkendorff gegründet worden ist. Er trat wiederholt mit einem Aufruf an die gesamte deutsche Studentenschaft heran, an den einzelnen Hochschulen einen aus Vertretern der Studierenden und des Lehrkörpers bestehenden Ausschuß zu bilden. Die Arbeit des Zentralausschusses hatte an einer Reihe von Universitäten schönsten Erfolg. Die von ihm an verschiedenen Universitäten abgehaltenen Spielkurse wurden zahlreich besucht. Die Beteiligung an den Spielkursen, die im Jahre 1895 zum zweitenmal stattfanden, erreichte die Höhe von 1000 Studenten. Die Leitsätze, wie sie für die körperliche Ertüchtigung der akademischen Jugend auf der Straßburger Tagung aufgestellt wurden, dürften für die künftige Entwickelung der akademischen Turn- und Sportbewegung grundlegende Bedeutung haben. Ich gebe sie deshalb hier im Wortlaut wieder:

„1. Die Hochschulen haben nicht nur die Aufgabe, ihre Angehörigen wissenschaftlich zu bilden, sondern sie haben die harmonische Entwickelung des ganzen Menschen zu fördern und zum Abschluß zu bringen. Als Ideal ist die gleichmäßige Ausbildung des Gemütes, des Geistes und des Körpers zu erstreben.

2. Zu dieser Ertüchtigung der Studierenden tragen die Leibesübungen bei, und zwar Leibesübungen im Jahnschen Sinne. Diese ziehen nicht nur Turnen und Turnspiel heran, sondern umfassen in gleicher Weise Rudern, Schwimmen, Wandern und die winterlichen Uebungen.

3. Um diese körperliche und geistige Ertüchtigung an den Hochschulen zu ermöglichen, sind notwendig: Die Errichtung einer Turnhalle, die Errichtung eines Spielplatzes, der Bau eines Bootshauses, die Beschaffung von Schwimmgelegenheit, die Anstellung eines Turnlehrers und die Veranstaltung von Spielfesten an vaterländischen Gedenktagen.

4. Es ist wünschenswert, daß jüngere Dozenten oder Akademiker die Turnlehrer unterstützen oder vorläufig für sie eintreten.

5. Nicht bloß der Staat, sondern auch Stadt und Private finden auf diesem Gebiete reiche Gelegenheit zur Betätigung.

6. Hier ist eine Stätte gefunden, wo die Gegensätze aufhören. Hier scheiden sich nicht Korporationen und Wildenschaft, Farbentragende und Nicht-Farbentragende. Konfessionelle Reibungen müssen schwinden, alle sollen sich als Glieder eines Ganzen fühlen.

7. Alle Studierenden erhalten eine bessere Ausbildung für ihren späteren Beruf: Die Philologen als Turnlehrer, die Geistlichen in der sozialen Seite ihrer Seelsorge, die Juristen in ihrer Verwaltungstätigkeit, die Mediziner in ihrem praktisch-hygienischen Wirken in Schule und Haus, die Architekten und Ingenieure bei der Anlage von Stadtteilen und großen Werken.

8. Nicht bloß für die einzelnen selbst und die einzelnen Kreise wird Ersprießliches geleistet, sondern es wird auch für die Gesamtheit Nutzen geschaffen, indem die Gesundheit gefördert, die Sittlichkeit gehoben und insbesondere die Widerstandskraft gegen Tuberkulose, Alkoholismus und geschlechtliche Ausschweifungen gestählt wird.

9. Vor allem wird die Wehrkraft des Landes erhöht und dadurch dem Vaterlande genützt."

M. H.! Bei Durchführung solcher Grundsätze, bei einer solchen Auffassung des Sports (= allgemeine Körperpflege) vom ideellen, psychologischen und erzieherischen Standpunkte aus, bei edlem Wettkampf um den olympischen Lorbeer werden Turnen, Spiel und Sport, ob sie nun von einzelnen, von ganzen Korporationen oder losen Vereinigungen betrieben werden, ausgleichend und versöhnend wirken. Turnen, Spiel und Sport werden unsere deutsche Studentenschaft zusammenführen, zusammenschweißen und zusammenhalten.

M. H.! Ich rede hier — und ich gestehe es offen, aus innerster Ueberzeugung dem Turnen, Spiel und Sport der Studenten und dem Wettkampf auf diesen Gebieten das Wort. Ich trete sogar warm dafür ein, daß unser Student sich um das Sportabzeichen bewirbt und sich an den olympischen Spielen im Jahre 1916 in Massen beteiligt. Die Furcht, die manche hegen, daß auf solche Weise aus unserem Studenten ein Rekordmeier und Meisterschaftsjäger werden könnte, ist unbegründet. Man erhebt von gewisser Seite diesen Vorwurf auch gegen die Olympischen Spiele selbst. Sicher ist, daß bei den Olympischen Spielen hervorragende Leistungen gezeigt werden, wahrscheinlich ist auch, daß im Laufen und Springen, Diskuswerfen usw. neue Rekords aufgestellt werden.

Liegt nicht doch, wie manche behaupten, etwas Ungesundes, Uebertriebenes darin? Birgt dieser Eifer nach Höchstleistungen nicht doch eine große Gefahr in sich, die Gefahr der Ueberanstrengung?

M. H.! Rekords werden nur von einzelnen, ganz Befähigten aufgestellt. Bislang hat man es aber — wenigstens in Deutschland nicht — nicht verstanden, die Sporttalente aus der breiten Masse herauszufinden, wie das andere Nationen, vor allem Amerika, in mustergiltiger Weise fertig gebracht haben. Es gilt deshalb, die Massen aufzubieten, aus den Massen die Befähigten auszusondern und von den Befähigten die Befähigtsten für den Kampf um den olympischen Siegespreis auszuwählen! Die deutsche Studentenschaft besitzt soviel hervorragendes Material. Bedauernswert ist nur, daß soviel Kraft teils ungenutzt weiter schlummert, teils in frivolster Weise vergeudet wird. Es gilt Wandel zu schaffen! Noch ist es nicht zu spät! Der deutsche Eichbaum ist noch stark und kräftig. Noch grünt und treibt er gesunde, lebensfähige Triebe. Aber er braucht mehr Luft und Licht!

Greifen Sie zu! Legen Sie Hand mit an! — — — Möge der D. W. V. auch auf diesem Gebiete anregend, aufklärend und vorbildlich wirken. — Möge die künftige Universität Frankfurt die Musterschule Deutschlands in dieser Richtung werden. Denn — wird unsere deutsche Jugend, vor allem aber die studierende Jugend, körperlich ertüchtigt, dann wird das Wort wahr bleiben:

„Deutschland, Deutschland über alles!“

Der Student und die Naturdenkmalpflege.

Vortrag von Wolfgang Paeckelmann, Barmen, Geschäftsführer des Bergischen Komitees für Naturdenkmalpflege.

Werte Verbandsbrüder!

Dem Ortsausschuß bin ich zu besonderem Dank verpflichtet, daß er mich zu diesem Vortrag aufgefordert hat, nicht nur, weil ich von dem sprechen kann, worüber zu reden ich keine Gelegenheit vorübergehen lasse, sondern auch deswegen, weil ich so die Möglichkeit habe, Ihnen, meine Herren vom D. W. V., ein scheinbares Nachlassen meines Eifers für unsern Verband zu erklären. Als seinerzeit die ersten Gedanken über die Gründung des D. W. V. mit Dr. Lietzmann erörtert wurden und als ich dann gleich darauf hier in Frankfurt zum ersten Mal die Ehre hatte, über diese Frage zu sprechen, hatte auch meine Arbeit für die Naturdenkmalpflege eben begonnen. Wie immer, wuchsen mit den Jahren neben den amtlichen Pflichten die freiwillig übernommenen, und, um nicht alle leiden zu lassen, mußte ich mich beschränken. Es traten die Gedanken für die Naturdenkmalpflege bei mir immer mehr in den Vordergrund, ohne daß das Interesse an dem immer kräftiger sich entwickelnden D. W. V. aufhörte oder je aufhören wird.

Unter einem Naturdenkmal verstehen wir ein Gebilde der Natur, so wie sie es erschaffen hat, welches uns Kunde gibt von irgendeinem früheren Zustande der Erde, mag nun dieser Gegenstand leblos oder lebendig sein. Ein ehrwürdiger Baum als Zeuge noch nicht weit hinter uns liegender Jahrzehnte soll uns hierbei ebenso als Naturdenkmal gelten, wie der erratische Block oder die alpine Pflanze auf einem Gebirgsgipfel, welche als Zeuge weit länger zurückliegender Epochen unserer Erdgeschichte sich bis heute erhalten hat, nicht weniger ein ursprüngliches Moor-, Wald- oder Flußbild, welches uns zeigt, wie einst die Landschaft aussah, ehe ihr die Kultur vom Menschen gewollte Formen aufdrückte. Sie erkennen schon hieraus, daß der Begriff „Naturdenkmal" ein ziemlich fließender ist und ebenso geht es mit der „Naturdenkmalpflege". Ist es schon oft strittig, ob und wann sie überhaupt einzusetzen hat, so erfordert es eine Entscheidung von Fall zu Fall, wie sie am zweckmäßigsten vorgeht.

Im größten Maßstabe sind zuerst die Amerikaner tätig gewesen, indem sie gewaltige Gebiete in den Vereinigten Staaten von jeder wirtschaftlichen Nutzung nahezu ausschlossen. Am bekanntesten ist der Yellowstone Park, von dessen gewaltigem, vulkanischen Geysirbecken, seinen Urwaldlandschaften und seinen Büffelherden ich Ihnen nachher einige Bilder zeigen kann. Weniger bekannt ist es, daß außerdem noch viele kleinere Reservate geschaffen sind, von denen aber mehrere, mit europäischen Verhältnissen verglichen, eine recht beträchtliche Ausdehnung besitzen. Die nächst diesen größten zusammenhängenden Naturschutzgebiete finden sich wohl in Neuseeland. Europa folgte erst später, und ohne Frage ist es hier ausgeschlossen, nur annähernd ähnliches zu erreichen, denn Königreiche sind hier nicht mehr zu vergeben. So hat man sich darauf beschränkt, kleinere Gebiete zu schützen. Die Schweiz hat das Cluozatal, ein Seitental oberhalb des berühmten Badeortes Schuls-Tharasp im Engadin, von jeder Bewirtschaftung ausgeschlossen, ein Tal, dessen überaus einsame Seitenschluchten und Hintergründe eine reiche Flora, vor allem wunderbare Arven- und Bergkiefern besitzen, und wenn auch der Bär im Cluozatale selbst in den letzten Jahren noch nicht wieder aufgetreten ist, so hoffen die Schweizer doch, daß er sich noch einmal wieder bei ihnen einbürgern wird. Wünschen wir ihnen, daß er nicht ein zu großer „Bauernschreck“ wird. Nicht weit von Berchtesgaden ist am Königssee ein bedeutendes Pflanzenschutzgebiet zum Watzmann hinauf von der kgl. bayrischen Forstverwaltung eingerichtet worden und die Alpenflora hier entwickelt sich auf das prächtigste. Bekannt ist die Erhaltung des alten Kubani-Urwaldes im Böhmerwalde durch den Fürsten Schwarzenberg. Ueberaus interessant ist es hier für Laien und Forstmann, das urgewaltige Ringen der Pflanzenwelt nach Licht, den Ersatz der gestürzten Baumriesen durch vom Menschen unbeeinflußten Nachwuchs, und die Ablösung der verschiedensten Pflanzenformationen durcheinander zu beobachten. Die schaurige Stille des alten deutschen Urwaldes wirkt hier tief auf ihn ein und mit um so lebhafteren Sinnen freut er sich der üppigen, blütenreichen Staudenflora, der schillernden Insektenpracht und des Vogelgezwitschers an den durch Sturm oder Schneebruch gelichteten Stellen. Mancherlei Bilder aus diesen einsamen Gebieten kann ich Ihnen nachher zeigen. — In ähnlicher Richtung wie hier Staat und Einzelperson will der Stuttgarter Verein „Naturschutzpark“ dem deutschen Volk vor allem drei möglichst ungestörte Gebiete erhalten, je eins in der norddeutschen Ebene, im Mittelgebirge und in den Alpen. Es wird Ihnen bekannt sein, daß als erster derartiger Naturschutzpark der schönste Teil der Lüneburger Heide ausersehen und zum großen Teil schon in den Besitz des Vereins übergegangen ist. Jeder, der einmal die große Stille der blühenden Heide im Hochsommer empfunden hat, der über dem „Totengrund“ bei Wilsede in Herbst- oder Frühjahrsstürmen stand oder das ganze Land im Winterschnee schaute, aus dem die dunklen Wacholder sich drohend gen Himmel streckten, wird Freude darüber empfinden, daß dieses Land nun wenigstens der andringenden Industrie nicht zum Opfer fallen soll. Aber, so fragt sich auch mancher, der in den letzten Jahren hierhin wanderte, ist nicht vielleicht zuviel Reklame gewesen, ist der Fremdenstrom der künstlich hierher gelenkt wurde, nicht fast ebenso schädlich, wie die drohende Industrie? Ist nicht die Stille des Ortes verschwunden vor dem Lärm der schwatzenden Menge, der Ernst der Landschaft, ihre Verborgenheit, die doch ihren Reiz ausmachte, gewichen vor der Reklame? Und damit erhebt sich eine wichtige Frage: Taugt es überhaupt für unsern Heimatschutz, daß er in den letzten Jahren fast Modesache geworden ist? — Es liegt ein feiner Unterschied zwischen dem Naturschutz, wie er in Amerika in großzügiger Weise getrieben worden ist, wie er dann in natürlich kleinerem Maßstabe in Gestalt der Naturschutzpark-Bewegung nach Europa übertragen wurde, und dem Gedanken der Naturdenkmalpflege, wie ich ihn jetzt vor Ihnen vertreten möchte. Handelt es sich dort um die Erhaltung einzelner, möglichst großer Gebiete und damit um die Durchführung eines großen Gedankens, der leicht begeistern kann, so handelt es sich hier um Naturschutz überall. Wo überhaupt sich ein der Erhaltung wertes Gebilde der Natur findet, wo nur immer es sich mit den stets widerstrebenden materiellen Interessen vereinbaren läßt, wollen wir uns und unseren Nachkommen die Heimat so erhalten, daß Seele und Geist Erquickung und Belehrung in ihr finden können. Dazu aber müssen wir zunächst unsere ganze Mitwelt mit dem Gedanken durchdringen, wie bitter nötig wir gerade in ernsten Zeiten unserer Volksentwicklung eine nicht verschandelte Heimat haben, eine Natur, die ungestört lebt und webt, in der wir wandern können, ohne auf Schritt und Tritt an Fremdenindustrie und Verkehrsvereine erinnert zu werden, eine Bergwelt, die nicht nur mit Hotels und Bergbahnen frisiert ist für die Schwachen, wie bitter nötig es auch ist, daß der Bauer wieder Freude an seinem ererbten Hof und dem uralten Baum daneben hat. Erkennen und ausbreiten müssen wir den Gedanken, daß der Mensch selbst auch ein Glied in der Kette der Natur ist, und daß er diese Natur nicht ungestraft beliebig verändern darf, daß die Worte nützlich und schädlich meist recht menschlich und recht kurzsichtig sind. Wer von Ihnen hat nicht, am stillen Waldeshang liegend, hoch oben im blauen Aether den Bussard seine weiten Kreise majestätisch ziehen sehen und wer je Meister Reineckes Familienleben am frühen Morgen vor dem Bau belauschte, wird nie diese köstlichen Bilder vergessen. Und doch flucht jeder Bauer diesem Raubgesindel und der Jäger schließt sich ihm an. Doch wie erst würde der Bauer schimpfen, wenn all dies Raubzeug verschwunden wäre, wenn deshalb Mäuse in Feld und Wald, wenn Krankheit unter dem Wild überhand nähmen, ja, wie jammert er nicht heute schon über all diese Plagen. Es herrscht in der Natur ein Gleichgewichtszustand von einer gewissen Stabilität, der leicht gestört werden kann, nach leichten Störungen hilft die Natur sich selbst. Wie groß aber diese Stabilität ist, wissen wir nicht. Hüten wir uns, daß wir sie überschreiten.

Hier in der Ausbreitung der Idee eines unbedingten Naturschutzes richten sich vor allem auch unsere Blicke auf die studierende Jugend, die Sie heute mehr als wir früher hinauswandern, mit offenem Blick Land und Leute kennen lernen, die

Sie draußen bei den Bauern Ihr einfaches Lager suchen und wohl manche Gelegenheit haben, in dem wärmer werdenden Gespräch am Abend den Bauern für den Schutz der Schönheiten seiner eigenen Scholle zu gewinnen. Ich könnte Ihnen Hunderte von Beispielen aus eigener Erfahrung erzählen, wo das Gespräch mit dem einfachen und doch oft so herzensgebildeten Mann über das alltäglichste anhub, wie er selbst dann anfing zu erzählen von der Vergangenheit seines Hofes, wie er wärmer und wärmer wurde, Interesse und Stolz an dem alten Lindenbaum gewann, der seit Jahrhunderten über dem Hof rauschte, an dem schönen Hülsenbestand, an dem Bruch mit den wilden Schneeglöckchen, ja selbst an dem Moor mit seltenen Pflanzen. So leicht wird ein solcher Bauer dann nichts an seinen Besitz kommen lassen. Wir haben es sogar erlebt, daß er selbst in Sorge vor späteren Jahrzehnten und der Wirtschaft seiner Nachkommen durch Eintragungen ins Grundbuch besonders hervorragende Naturdenkmäler dauernd schützte. Ich kann Sie versichern, daß nichts wertvoller für Heimatschutz und Naturdenkmalpflege ist als dieser fortdauernde persönliche Einfluß von uns auf diejenigen, welche immer in der Natur leben und dadurch oft ihre Schönheiten oder auch den wissenschaftlichen Wert mancher Erscheinungen nicht erkennen können, weil ihnen der Vergleich fehlt. Und, meine Herren, erst später, wenn Sie im Philisterium sind — müßte nicht der Pfarrer auf dem Lande, der Pfarrer, der Arzt, der Apotheker in der kleinen Landstadt, müßten sie, die Vertreter unserer akademischen Bildung auf dem Lande, nicht ganz besonders die Vorkämpfer dieser Gedanken sein? Wenn den akademisch gebildeten Menschen etwas auszeichnen soll, dann ist es doch dies, daß seine Weltanschauung von weiteren, allgemeineren Gesichtspunkten getragen wird als sie uns das Heute, der Kampf und die Sorge um das Materielle geben. Er sollte ein Führer sein, welcher, von höherer Warte ausschauend, erkennt, daß unser Leben nicht ausgefüllt ist mit der Sorge, wie wir das reichste Volk werden, daß wir trotz aller Maschinen und hochstehenden Industrie, trotz einer auf äußerste Ausnutzung angelegten Land- und Forstwirtschaft unbefriedigt, zerrissen, krank im innersten Kern werden müßten, wenn wir uns die Quellen der Freude zerstören, denen immer die Sehnsucht unserer Seele gilt, wenn wir nicht mehr uns erheben könnten an der unendlichen Reinheit und Schönheit der Natur, wenn wir ihren ungestörten Gesetzen nicht mehr lauschen könnten. Nicht, als ob derartige Gesichtspunkte ein Vorrecht des Akademikers wären. Ich selbst kenne hochgesinnte Kaufleute, Landwirte, Fabrikanten genug, welche so denken; aber er besonders wäre berufen, ein Führer des Volkes zu sein. In der praktischen Arbeit der Naturdenkmalpflege ist es mir immer wieder zum Bewußtsein gekommen, wie nötig wir die Unterstützung der akademischen Kreise und auch der Lehrer auf dem Lande haben. Es ist Ihnen vielleicht bekannt, daß in Preußen seit einer Reihe von Jahren die Naturdenkmalpflege vom Staat sehr gefördert wird. Wir verdanken es der unermüdlichen Tätigkeit des damaligen Direktors des Provinzialmusems in Danzig, Prof. Conwentz, daß zuerst die Staatsforstverwaltung dem Gedanken der Naturdenkmalpflege näher trat und daß später, im Jahre 1906, die Staatliche Stelle für Naturdenkmalpflege mit Herrn Geh. Rat Conwentz als Leiter gegründet wurde. In allen Provinzen wurden Provinzialkomitees eingerichtet und mit Regierungsbezirks- und Landschaftskomitees baute der unermüdliche Führer in der ganzen Bewegung seine Organisation in Preußen aus, die vorbildlich geworden ist nicht nur für die anderen Staaten Deutschlands, sondern nun auch für andere Länder. Damit aber in diese einzelnen Organisationen Leben hinein kommt, damit mit Begeisterung und Erfolg gearbeitet wird, müssen sich willige Menschen in den Dienst der Arbeit stellen; Menschen, welche mit weitem Blick die drängenden Bedürfnisse des täglichen Lebens, aber auch die großen Fragen unserer Volkswohlfahrt erkennen; Menschen, welche Verständnis und Liebe für das Land besitzen, in dem sie leben. Hierzu brauchen wir eifrig tätige Mitarbeiter in den Städten und auf dem Lande. Und auf Grund meiner Erfahrung im „Bergischen Komitee für Naturdenkmalpflege" muß ich sagen, daß je mannigfaltiger die Zusammensetzung, um so erfolgreicher die Arbeit ist. Nicht nur Naturwissenschaftler brauchen wir für die Naturdenkmalpflege; Verwaltungsbeamte, Juristen, Historiker, Kunsthistoriker, Aerzte und Theologen haben wir als wertvolle Helfer in der Arbeit. Wäre es da nicht nötig, daß schon auf der Universität jeder sich mit solchen Fragen der Heimatkunde unter richtiger Führung beschäftigen könnte? Wie klagen doch unsere Juristen, die Philologen und Theologen darüber, daß von Geologie und Mineralogie, von Botanik und Zoologie, von der Morphologie unseres Landes so garnichts an sie herangetreten ist. Die Schule hat hier versagt oder, wenn sie auch ihre Pflicht getan hat, so geschah das doch zu einer Zeit, in der das brennende Interesse für diese Fragen noch nicht wach oder der Geist noch nicht reif genug war. Als Student aber Zeit finden und neben dem Fachstudium in all diesen Einzelwissenschaften das Versäumte nachholen, ist ausgeschlossen. Ich kenne wohl einen Arzt, welcher, weil er sich gerade hierfür interessierte, nebenher ein geologisches Kolleg hörte. Ja, wir hatten bei unseren botanischen Exkursionen fast regelmäßig einen Juristen als Begleiter. Aber wird, ganz abgesehen von der geringen Zahl, hierdurch eine wirkliche Kenntnis der Natur unserer Heimat vermittelt, eine Kenntnis, welche doch für das ganze spätere Leben zu einer Quelle der Freude würde? Ich möchte einen Weg vorschlagen, auf welchem dieses aufs lebhafteste gefühlte Bedürfnis befriedigt werden könnte. Wir haben in den preußischen Provinzen Konservatoren der Kunstdenkmäler und wenigstens in einzelnen Universitäten besteht die Einrichtung, daß diese Herren Vorlesungen für Hörer sämtlicher Fakultäten über die Kunstwerke der betreffenden Provinz halten, und diese Vorlesungen sind oft mit Exkursionen verbunden. Daß sich von der Betrachtung im engeren Gebiet die Blicke oft weiter hinausrichten, liegt in der Natur der Sache. Es wäre nun von Wichtigkeit, einen Gesichtspunkt zu finden, unter welchem man die verschiedenen naturwissenschaftlichen Disziplinen so vereinigen könnte, wie es für die Bedürfnisse der Nicht-Naturwissenschaftler erforderlich ist. Zu dieser Konzentration könnte die Naturdenkmalpflege wohl dienen. Es wäre zu denken, daß etwa der Geschäftsführer des Provinzialkomitees für Naturdenkmalpflege damit beauftragt würde, ein für alle Fakultäten zugängliches Kolleg zu lesen, möglichst mit Exkursionen verbunden, ein Kolleg, in welchem natürlich der engere Landesteil schon der Anschaulichkeit wegen besonders berücksichtigt werden müßte, ein Kolleg, welches auf die Entstehung der Landschaftsformen ebenso eingehen müßte, wie auf die ursächliche Erklärung der Pflanzendecke, der Tierwelt, welches demnach auch den historischen Sinn nicht unbefriedigt lassen würde. Wenn in einem solchen Kolleg auch die engere Umgebung der betreffenden Universität im Vordergrund stehen würde, so bringen es doch die einzelnen Fragen von selbst mit sich, daß immer wieder auch weitere Gesichtspunkte hineingezogen werden müßten. Jedenfalls würde unseren Studenten durch derartige Kollegs der Blick für die Natur, für das, was sich in ihr bekämpft und bedingt, wieder mehr geöffnet werden, als es leider heute meistens der Fall ist. Mit offenem Sinn würde er wandern, größere Ehrfurcht empfinden vor dem, was die Natur geschaffen hat, mit mehr Verständnis für ihren Schutz eintreten. Nicht nur der Naturdenkmalpflege wegen ist diese Frage einer allgemeineren Vermittlung naturwissenschaftlicher Kenntnisse an unsere akademische Jugend brennend, eine Vermittlung, welche wir nicht der sogenannten populären Litteratur überlassen dürfen, welche die Naturwissenschaften fast stets zur Förderung irgendwelcher Weltanschauungsfragen mißbraucht. Vielleicht tritt der D. W. V. auch der Lösung dieser Aufgabe später einmal näher, liegt es doch mit in seinem Aufgabenkreis, die Ausgestaltung der Hochschulbildung, den Bedürfnissen der Zeit entsprechend, zu fördern.

Meine Herren, Sie können sich denken, wie sehr es mir am Herzen lag, gerade zu Ihnen zu sprechen, die Sie mit so großer Begeisterung vor kurzem erst ein Werk zu Stande gebracht haben, wie es der Zusammenschluß so vieler, sich oft widerstrebender Verbindungen im großen D. W. V. ist, ein Zusammenschluß, den wir noch vor zehn Jahren für vollständig unmöglich hielten. Auch heute sehen viele Menschen den Gedanken eines allgemeinen Naturschutzes für eine Utopie einzelner weniger an, die das Rad der Zeit zurückdrehen möchten, ja die Zahl der Menschen, welche diesem Gedanken feindlich oder, was noch schlimmer ist, gleichgültig gegenüber stehen, ist sicher größer, als die unserer Freunde. Rettungslos wären wir, ihrer Ansicht nach, einer großen Industrialisierung verfallen, einem Leben, das nur nach Gesichtspunkten der Nützlichkeit eingerichtet ist. Und wer von uns Aelteren wollte leugnen, daß er selbst in bangen Stunden so fürchtet. Ich bin sicher, daß, wenn es zu diesem Zustande käme, wir die Quellen unserer Volkskraft und Lebensfreude selbst zerstört hätten. Aus derartigen Zweifeln kann uns nur die Begeisterung für eine Idee retten. Als ich 1909 hier in

Frankfurt zum ersten Mal über den D. W. V. sprach, wurde mir von vielen Seiten die Unmöglichkeit einer solchen Gründung entgegengehalten. Damals habe ich Sie gebeten, nur an diese Unmöglichkeit nicht zu denken, denn sie wirke von vornherein lähmend, und heute — nun heute hat Ihre Begeisterung für eine Idee den so unmöglich scheinenden Zusammenschluß erreicht. An wen lieber, als an die akademische Jugend, an Sie, meine Verbandsbrüder, sollte ich mich wenden mit dem Aufruf, Ihr Interesse, ja Ihre Seele dieser vaterländischen Aufgabe eines Schutzes unserer Heimat zuzuwenden.

Der Student und die ethischen Güter der Nation.

Geh. Kirchenrat Prof. D. Eck, derzeitiger Rektor der Universität Gießen.

Zwei kurze Vorbemerkungen gestatten Sie mir zur näheren Bestimmung und Begrenzung meines Themas. Von dem Studenten will ich reden, aber von ihm nur, wie er sich wirklich „Studierens halber" auf deutschen Universitäten aufhält, also von der Bedeutung, die die Wissenschaft für ihn hat. Und diesen Studenten will ich in den Beziehungen aufsuchen, in die er zu den ethischen Gütern der Nation tritt. Unter ethischen Gütern aber verstehe ich mit Schleiermacher die mannigfachen Gestaltungen des ethischen Gemeinschaftslebens in Familie, Gesellschaft, Recht, Staat, Kirche. Es ist klar, daß der Student hier seine künftigen Lebensaufgaben sucht. Was gibt ihm die Wissenschaft der Universität für diesen künftigen Lebensberuf mit? Wie verhält sich die Wissenschaft, die ihm auf der Universität zu eigen wird, zu den großen ethischen Gemeinschaftsbildungen der Nation?

Universitäten sind eine internationale Erscheinung europäischer Kultur. Alle führenden Kulturvölker unserer Geschichte haben an ihrer Ausgestaltung mitgearbeitet. Dafür bürgen die Namen Paris, Bologna, Oxford, Prag, Heidelberg. Allerdings sind diese Universitäten Schöpfungen der einheitlich-kirchlichen Kultur des Mittelalters. Aber wir brauchen in Frankfurt nicht daran zu erinnern, daß diese Institution in großartiger Lebensfähigkeit den Wandel der Zeiten zu überstehen gewußt hat. Allein das Internationale besteht als solches überhaupt nicht. Das Allgemeine ist überall nur wirklich im Besonderen, auch die Universitäten nur in den Besonderungen, die die Nationen ihnen aufprägen. Von Universitäten in deutschem Sinne hat vor hundert Jahren Schleiermacher geschrieben. Und von solchen zu reden, haben wir ganz besonderen Anlaß. So innig wie nur möglich hängt die deutsche Universität mit der deutschen Geschichte zusammen. Beides läßt sich nicht trennen. Man kann sich die deutsche Universität nicht außerhalb der deutschen Geschichte vorstellen. Aber auch umgekehrt nicht die deutsche Geschichte der Neuzeit ohne die deutsche Universität. In den Beginn dieser Neuzeit — ich drücke mich vorsichtig aus — verwoben ist der Name Martin Luthers, mit ihm der Name der Universität Wittenberg. Wir ziehen zum Vergleich analoge Erscheinungen des Spätmittelalters heran. Aber Wiclif in Oxford und Huß in Prag, kann man deren Wirksamkeit auch nur annähernd mit derjenigen Luthers in ihrer Bedeutung für die Gesamtgeschichte ihrer Völker gleichsetzen? Wiclif und Huß sind große nationale Erinnerungen, Luther ist schlechthin deutsche Gegenwart bis heute. Und diese Tatsache, daß der Name eines deutschen Universitätsprofessors sich über vier Jahrhunderte hinweg unverwischbar dem Gemüt und Geschick deutscher Geschichte eingeprägt hat, ist wie eine Vorbedeutung für die weitere Entwickelung. Mit dem Namen einer Universität ist diese Entwickelung in jeder ihrer Wendungen unlösbar verbunden. Ich nenne nur kurz: Gießen und das starre Luthertum, Halle und der Pietismus, noch einmal Halle und die Aufklärung, Göttingen und der erwachende geschichtliche Sinn, Königsberg — der Alte vom Königsberge, wie Goethe Kant nannte — und die deutsche Philosophie schlechthin. An dieser Philosophie trifft, worauf es mir ankommt, in kenntlichster Weise zu Tage. Sie ist, daß noch einmal die Einheit europäischen Geisteslebens sich uns aufdränge, ein stolzer Bau, an dem alle Kulturvölker der Menschheit nach- und nebeneinander fortgearbeitet haben. Aber Englands Philosophen sind Staatsmänner gewesen, sie haben ihre Gedanken mitten im Getriebe des großen politischen Lebens gedacht, ihre Werke als politische Publizisten geschrieben. Frankreichs Philosophen, Jean Jacques Rousseau nicht ausgenommen, waren oder wollten sein Helden des Salons, sie haben auch die weltgeschichtlich aufregendsten Gedanken in die leichte Form geistreichen Salongeplauders gekleidet. Die Anfänge deutscher Philosophie tragen in Leibniz die Züge dieser doppelten Nachbarschaft an sich. Aber es ist, als ob sie sich alsbald auf die Art dieses Volkes besinne. Fortan, wenige große Wildlinge, die von der Zunft nichts wissen wollten, ausgenommen, sind deutsche Philosophen biedere, gründliche, deutsche Universitätsprofessoren gewesen. Man mag die Schwerfälligkeit deutscher Gedankenbildung beklagend davon herleiten, man wird dennoch sich heimlich freuen, wie in engen Lebensverhältnissen sich ein köstlicher Gedankenmut in deutscher Philosophie dem einen Ziel der unbeirrten Wahrheitsforschung hingibt. Aber die engen Grenzen werden gesprengt. Deutscher Gedanke wird in die politische Tat, er wird in den Weltverkehr hineingezogen. Und an seine Vergangenheit bleibt er dennoch fest gebunden. Uns soll es unvergessen bleiben, wie mitten in unerhörtem politischen Gewirr die Universität Berlin entsteht; unvergessen auch, wie in der Paulskirche deutsche Professoren über Grundrechte akademisch grübeln und die Kaiserhoffnung ihres Volkes wissenschaftlich träumen. Ja, wenn deutsche Technik und deutscher Handel sich zur Weltmacht ausgestaltet haben, auch sie bleiben, so fern sie dieser Ueberlieferung zu stehen scheinen, ihr dennoch treu. Auch in diese Gebiete des Handelns und der Tatkraft will der Deutsche sich nicht wagen, er suche denn Rückhalt an der stillen gründlichen zähen Arbeit deutscher Wissenschaft. Werdend und noch ungeworden sollen die Namen der Universitäten Frankfurt und Hamburg sich auch dieser Epoche deutschen Geisteslebens einverweben.

Die internationale Institution nimmt überall, in kenntlichster Weise auf deutschem Boden, nationale Färbung an. Wir empfinden das mit berechtigtem Stolz. Aber wir sagen uns doch, daß diese Verbindung des Internationalen mit dem Nationalen nicht ohne Verwicklungen sich vollziehen kann. Die Universität ist eine internationale Institution, weil der Gehalt, den sie birgt, die Wissenschaft von gleicher Art ist. Die Gedanken kennen keine Zollgrenzen, man kann sich für sie keine Schlagbäume ersinnen. Freihandel schlechthin ist ihre Losung, muß für sie selbstverständliches unerbittliches Gesetz sein. So ist es doch schon immer gewesen, in der Neuzeit immer bewußter geworden. Lassen Sie mich nur an das für mich Näherliegende erinnern. Seit zweihundert Jahren dringt eine internationale historische Wissenschaft in die deutsche Theologie ein. Man kann diesen Prozeß an dem Leben eines deutschen Professors, wie er typischer kaum gedacht werden kann, an dem Leben Johann Salomo Semlers in ungetrübter Deutlichkeit beobachten. Aus Uebersetzungen zumal englischer Autoren nährt sich dieser Bücher verschlingende Geist. Zweifellos als Fremdgut führt er die neuen historischen Anschauungen in die dogmatische Wissenschaft des alten Luthertums ein. Langsam wird das Fremde zu eigenem Besitz, und heute kann sich deutsche Theologie jedenfalls rühmen, so gründlich wie kaum eine andere Nation sich der historischen Gesichtspunkte bemächtigt, sie zu unvergänglichen Bestandteilen ihrer eigenen Forschungsweise umgeprägt zu haben. Aber das ist nur ein besonders deutliches Beispiel. Nicht anders wird die Wissenschaft das nationale Recht, das Landrecht, mit dem Geist eines fremden, sagen wir hier des römischen, durchsetzen, oder alle Probleme des sozialen Lebens in die Beleuchtung rücken, die ihr jede erreichbare Kunde aller Völker und Zeiten bietet. Bei diesem lebendigen Austausch, dieser schrankenlosen Aufnahme- und Verarbeitungsfähigkeit wird sie genötigt, auf allen Lebensgebieten mit immer neuen Theorien, Methoden, Ergebnissen hervorzutreten. Und sie kann niemals warten, bis diese Methoden oder diese Ergebnisse gesichert sind, sich bewährt haben, sie muß immerfort experimentieren, aus hundert Versuchen einen kleinen gesicherten Gewinn, auf vielen Irrwegen ein Körnlein Wahrheit zu finden suchen.

Diese Wissenschaft ist die stete Unruhe. Aber als Universitätswissenschaft ist sie verpflichtet, diese Unruhe in die jungen Seelen ihrer Schüler, durch diese in alle Lebensgebiete der Nation hineinzutragen. Sie muß es. Denn die Universität ist keine Akademie von Forschern oder Gelehrten, die unter sich zu bleiben vermöchten, in ihrem engen Kreis unter einander ihre neuen Funde gefahrlos austauschen dürften, ungefragt, ob jemand außerhalb der heiligen Grenzen sie hören und sich von ihnen aufregen lassen will. Die Wissenschaft der universitas magistrorum et scholarium ist dazu da, es steht als Pflicht über all ihrer Arbeit, sich alsbald in Lehre umzusetzen und denen zu freiem Gebrauch sich hinzugeben, die als ihre Schüler sich ihr nähern. Diese Scholaren aber, unsere Studenten, sind die künftigen geistigen Führer des Volkes. Aus ihnen wird die Schar der Geistlichen, Lehrer, Richter, Verwaltungsbeamten, Literaten und Politiker hervorgehen. Durch sie wird sich, mag man das wollen oder nicht, die Universität in alle nur denkbaren Gebiete des nationalen Lebens einmischen. Ihre internationale Unruhe also wird sie und muß sie, fast möchte man sagen, in jeden Winkel der Nation, in ihr entlegenstes Stilleben hineintragen.

Wie begreiflich die Sorgen, die da auftauchen! Man kann sie nach zwei Richtungen hin verfolgen. Was soll aus diesen jungen Seelen selber werden, die so früh in dies Gewirr von Bestrebungen eingeführt werden, denen der feste gerade Zug der Gedanken, der Sitte, des Glaubens des Elternhauses unter dem Ansturm eines unübersehbar Neuen verbogen und abgebrochen wird? Man kann es von hier aus verstehen, daß nicht nur jesuitische Erziehungskunst im Dienste eines weltgeschichtlich großen, aber sittlich kleinen Religions- und Rechtssystems dieser Gefahr entgegenzutreten suchte. Unter dem Zwang eines freien, aber herben Idealismus hat doch auch Johann Gottlieb Fichte akademischer Freiheit Ketten schmieden wollen. Aber für Universitäten in deutschem Sinne eignete sich das nicht. Wir danken es den Beyme, Schleiermacher, Wilhelm v. Humboldt, daß diese Gängelbänder für große Kinder unerträglich gefunden wurden. Wer auf den freien Gedankenhöhen der Wissenschaft seinen Lebensweg zu wählen sich getraut, der muß lernen, jenen Punkt selber zu finden, an dem die unvereinbaren Gegensätze der Freiheit und Notwendigkeit sich im Gedanken der Pflicht, des Sittlichguten, dennoch vereinigen lassen. Findet er ihn nicht, so soll man die Schuld nicht der Wissenschaft und der Universität aufladen. Wir wissen es freilich, was akademisches Lumpenproletariat bedeutet. Aber das Volk Immanuel Kants soll keinen Zweifel darüber aufkommen lassen, daß Niemand und Nichts die letzte Entscheidung über das sittliche Schicksal dem Einzelnen abnehmen kann.

Allein die Sorge geht noch in anderer Richtung. In dieser Richtung erst wird sie zur grauen, furchtbar lastenden. Die Wissenschaft unterzieht jene großen Güter und Werte des nationalen Lebens im Einzelnen fortwährend neuer Untersuchung, entwurzelt im Einzelnen überkommene Anschauung und sucht tastend neue zu gewinnen. Wird sie nicht von diesem Verfahren im Einzelnen aus auch das Ganze immerfort in Frage stellen, die Grundfesten untergraben, auf denen der Bau sich erhebt? Man sollte sich wirklich nicht darüber wundern, daß die, denen diese sittlichen Lebensgüter der Nation zur Pflege und zur Hut anvertraut sind, immer wieder bedenklich werden. Die Leidensgeschichte der Theologie an deutschen Universitäten seit zweihundert Jahren ist nur ein besonders grelles Beispiel der sorgenvollen Behandlung der Wissenschaft seitens der leitenden Männer und Institutionen unseres Volkes. Unter diesem Gesichtspunkt wird man, bei aller fröhlichen Abneigung gegen ein Metternichsches System, die Demagogenverfolgung vor hundert Jahren beinahe als eine periodisch normale Erscheinung anzusehen vermögen. Die Geschichte des Kathedersozialismus läuft schließlich in derselben Bahn. Die Wissenschaft selber, wenn sie für sich bliebe oder bleiben könnte, würde man in all diesen Fällen gewiß in Ruhe lassen. Aber sie greift durch ihren Universitätsbetrieb, letztlich durch ihre studentischen Scholaren in das Leben der Gesellschaft, des Staates, der Kirchen ein. Sie greift dort in die gesicherte Ueberlieferung ein und stört den ruhigen Gang der Dinge.

Dennoch liegen hier tiefwurzelnde Mißverständnisse vor. Alle

Wissenschaft hat es doch nur mit gegebener Wirklichkeit zu tun. Das ist beinahe eine triviale Wahrheit. Aber es verlohnt sich, sie ausdrücklich zu betonen. Die Wissenschaft ist keine im eigentlichen Sinne schöpferische Macht der Geschichte. Sie will es garnicht sein. Ihre Aufgabe ist, neben und gegenüber der wirklichen Wirklichkeit diese zweite in Gedanken zu setzen. Diese zweite wird jene erste allerdings zu beeinflussen, zu formen und zu gestalten bestrebt sein. Aber unmittelbar wird sie auch das nicht tun. Als Wissenschaft überläßt sie es der Technik, den Gedanken des Naturforschers in die wirkliche Wirklichkeit einzuführen, überläßt sie es der Tatkraft des Staatsmannes und der Kunst der Pädagogen, ihr Verständnis der politischen Geschichte oder ihre Theorie der Erziehung in die Praxis umzusetzen. So wenig die Natur selbst, so wenig sind diese sittlichen Kulturerscheinungen ein Erzeugnis oder eine Schöpfung der Wissenschaft. Bestehen sie also ursprünglich ohne sie oder mindestens nicht durch sie, so sind sie selbständige Wirklichkeiten des geistigen, enger gefaßt in ihrer Besonderung des nationalen Lebens. Und wie sie selbstständig aus ursprünglichen Triebkräften der Geschichte entstanden sind, so führen sie auch in dieser Geschichte ihr eigenes Leben fort, bewegen und entwickeln sie sich nach Normen und zu Zielen hin, die keine Wissenschaft erst für sie schaffen, keine auch ihnen willkürlich aufzudrängen vermögen wird. Sie sind, mit Goethe zu reden, Urphänomene des sittlich-gemeinschaftlichen Lebens der Menschheit und tragen als solche ihr eigenes Recht, ihre eigene Wahrheit und ihre eigenen Bewegungsziele in sich.

Denkt man dem ernsthaft nach, so versteht man einen jenen Klagen und Sorgen gerade entgegengesetzten Zug der wirklichen Geschichte. Die Wissenschaft operiert an Gedankengebilden. Inzwischen wachsen die wirklichen Gebilde der Natur und Geschichte in stolzem Eigenleben fort und kümmern sich oft herzlich wenig um die gewagten Gedankensprünge der Gelehrten. So eilig haben sie es nicht, ihnen zu folgen. Die Staatsmänner lächeln zunächst der Träumer in der Paulskirche, bis einer aus ihrer eigenen Reihe das Werk in die Hand nimmt, das die Professoren wohl denken, aber nicht verwirklichen können. Und die Kirchen ebenso gehen ihren Gang fort, ohne sich groß um die Gelehrten zu kümmern. Immer wieder hat die Theologie der Universitäten es erleben müssen, wie ihre Schüler Wege einschlugen, die sie ihnen nicht gewiesen hatte. Es ist darum zunächst ein Mangel an Vertrauen an die unverwüstliche Eigenkraft dieses geschichtlichen Wachstums, der sich in jenen Sorgen äußert. Man kann einen guten Teil von ihnen jenen unnützen Selbstbelastungen beizählen, die die Wirklichkeit mit Gespensterfurcht umziehen.

Dennoch sind wir damit nicht zu Ende. Geschichtliche Wirklichkeiten, Güter, Werte sind in ständiger Bewegung begriffen. Sie ruhen keinen Augenblick, für sie würde Stillstand wirklich Tod bedeuten. Aber diese Unruhe, die von ihrem Leben selbst nicht zu trennen ist, trägt außer der Tatsache der Bewegung selbst noch eine besondere Eigentümlichkeit an sich. Die Bewegung vollzieht sich an keinem der Gemeinschaftswerte in ihrem isolierten Bestande. Jeder dieser Werte vielmehr steht in unlösbarer Wechselwirkung mit allen anderen seines Gleichen. Indem wir sie als die sittlichen Güter der Nation bezeichnen, sagen wir ja schon, daß sie einem allgemeinen Lebenszusammenhang eingegliedert und zugeordnet sind, der es verbietet, sie irgendwo und irgendwann ohne Rücksicht auf die Nachbargebiete aus ihren Eigenkräften und zu ihren Eigenzielen allein, für sich, bewegt zu denken. Alles vielmehr greift in der geschichtlichen Wirklichkeit ineinander, jedes Einzelgebiet ist von allen übrigen fortwährend abhängig, jedes beeinflußt in seiner Weise fortwährend alle anderen. Beides nun, die ständige Bewegung selbst und die ständige Wechselwirkung dieser Bewegungen unter einander, verursacht das unaufhörliche Auftauchen neuer Probleme im Ganzen, wie in all seinen Einzelteilen und Sonderwerten. Aber den Handelnden selbst sind durch Beruf und Pflicht immer die Einzelgebiete zugewiesen. Ihr Leben, ihre Gedanken, ihr Wille ist auf sie eingestellt. Und wie sie selbst, so ist auch das Einzelgebiet, dem sie angehören, stets einseitig mit sich selbst beschäftigt. Es hat innerhalb des Ganzen seine besonderen Aufgaben, Nöte, Ziele. Bei der Spannung der Gedanken und des Willens auf diese trotz der Eingliederung in das Ganze beschränkte, auf eigene Kraft angewiesene Welt entgehen dem Handelnden selbst die oft unmerklichen Wandlungen, die aus der Einwirkung der Nachbargebiete auf sie ausgeübt werden, oder die sie selbst ihrerseits hemmend und fördernd auf diese ausüben. Familien-, Standes-, Berufs-Interessen, die Eigenziele der Staaten oder der Kirchen, sperren sich in ihrem engen Rahmen gegen den Gang des Gesamtlebens und fordern eine Alleinberechtigung ihrer Sonderbestände. Diese unausbleiblichen Gegensätze der sittlichen Interessensphären im unaufhörlich bewegten Werden des Einzelnen wie des Ganzen schaffen die lebendige Wirklichkeit der Geschichte. Ist dem aber so, so gehört die Kritik an dem Bestehenden, den gewordenen Zuständen, den Tendenzen und Ideen, die sich durchgesetzt haben oder sich durchsetzen wollen, zum Wesen der geschichtlichen Wirklichkeit selbst. Sie selbst übt sie und muß sie üben an sich selbst. Die kritische Unruhe, die wir von der Wissenschaft in sie hineingetragen sahen, ist ihr selbst eingeboren. Sie ist, wie sie werdendes Leben und zugleich immerwährend denkende Anschauung und Beurteilung dieses Lebens ist, ohne diese begleitende Kritik garnicht vorzustellen. Wissenschaftliche Kritik darum kann doch nur als ein Spezialfall dieser allgemeingeschichtlichen Selbstkritik verstanden werden. Jene wächst aus dieser heraus und folgt nur dem allgemeinen Zuge, den die Geschichte den in ihr Lebendigen auferlegt.

Und doch treten hier Unterschiede hervor. Die Selbstkritik der Geschichte ist diejenige der Tätigen, Handelnden. Diese Selbstkritik hat darum in sich ihre Grenzen. Es fehlt ihr immer zweierlei. Ganz der Gegenwart oder noch mehr der Zukunft zugewandt, fehlt ihr der Wille einer vollen Vergegenwärtigung der Vergangenheit, aus der ihr Leben geworden ist: sie berücksichtigt an ihr immer nur die Züge, die ihr und ihrem berechtigten Selbstbewußtsein zu kräftiger Nahrung dienen. Und ebenso ganz dem Einzelgebiet, seinen Sorgen und Hoffnungen, zugewandt, fehlt ihr die Absicht und die Möglichkeit, das geschichtliche Leben nicht nur in seinen Einzellinien, sondern in seiner Gesamtbewegung zu beobachten: sie sieht auch in der Gegenwart überall die Interessen, mit denen ihr Einzelgebiet unmittelbar zusammenhängt, als die entscheidenden im Vordergrund stehen. Diese Selbstkritik darum ist unvollständig und einseitig. Beides wird immer auch von aller wissenschaftlichen Kritik gelten. Aber bei dem Handelnden gehört diese Begrenzung der Kritik zur Sache, sie dient seiner Selbstbehauptung und ist darum eine Aeußerung seiner Kraft. In der Wissenschaft ist sie nur ein unumgängliche Folge menschlicher Unvollkommenheit, deren Ueberwindung sie absichtlich erstreben muß. Ihr Ideal muß sein eine Kritik aus der vollständigen Kenntnis ihres Gegenstandes und aus der Kenntnis dieses Gegenstandes in allen seinen möglichen Beziehungen. Diese Kritik darum muß radikal sein. Sie hat kein Recht, irgendwo Halt zu machen, sie muß bis auf den Grund gehen und jede Einzelheit so gut wie das Ganze ihres Gegenstandes sich stets gegenwärtig halten. Erst so wird deutlich, wie unbequem, unerfreulich, man muß sogar sagen: wie gefährlich diese Art der wissenschaftlichen Kritik dem Handelnden werden muß. Sie wird ihm ja immerfort in den Arm fallen, den er zur Tat ausstreckt, sie wird den Lauf seines Willens hemmen durch den grübelnden Gedanken, sie wird den Zweifel auf jedem Schritt in ihm anregen, während er alle Kraft zum entschiedenen Verfolgen seiner Zwecke bedarf. Und wie potenziert sich das alles, wenn es auf den Schüler der Wissenschaft, auf den Studenten, angewandt wird. Er soll der Handelnde der Zukunft sein. Aber noch ehe er es ist, wenn er sich von fern erst dazu rüstet, werden ihm diese kritischen Zweifel in die Seele geprägt. Noch ehe er feste Stellung genommen in dem Lebensgebiet, dem sein Beruf ihn zuweisen wird, wird ihm das Gebiet selbst von Bedenken umlagert. Unsicher werden die ersten Schritte sein, die er da hinein tut, und je tiefer er sich mit dieser Wissenschaft eingelassen hat, um so weniger wird er auch im ferneren Leben von diesen Bedenken, Fragen, Zweifeln jemals ganz sich zu lösen wissen.

Allein auch wenn wir das alles in kräftigste Beleuchtung rücken, an der Unumgänglichkeit dieser Kritik überhaupt wird dadurch nichts geändert. Sie gehört zum Wesen des geschichtlichen Lebens selbst und Niemand wird die törichte Forderung erheben, daß ein wesentlicher Zug an diesem Leben unvollständig verwirklicht werde. Genug schon, daß menschliche Unvollkommenheit seine empirische Durchführung immer in Frage stellt oder einschränkt, die Durchführung grundsätzlich verwehren, hieße der geschichtlichen Menschheit das volle Bewußtsein von ihrem Leben entziehen. Und wenn das überhaupt nur möglich wäre! —

Aber diese radikale Kritik wird an ihrem Ziel beinahe zu einer konservativen Macht, konservativ im höchsten Sinne, da, wo es gilt, letzte dauernde Werte zu bewahren. Bis auf den Grund dringt sie den Erscheinungen des sittlichen Lebens, bis in ihr Innerstes, an ihre Wurzelkräfte will sie ihnen dringen. Da auf dem Grunde, wenn überhaupt, schwindet das Vergängliche dahin, das Bleibende tut sich auf, der unzerstörbare Kern löst sich aus den Schalen des zeitlichen Werdens und Geschehens. In den Tiefen, zu denen die Wissenschaft tastend sich den

Weg bahnt, entdeckt sie die Kraft, von der all diese Güter des sittlichen Lebens, sie selbst mit ihnen oder unter ihnen, letztlich lebt: den unzerstörbaren Glauben der Menschheit an die Geltung der Werte, die hier erarbeitet, erkämpft, gewonnen werden. Einen Glauben! Ich rede von ihm nicht sofort oder nicht ausschließlich im Sinne religiösen Glaubens. Ich meine ihn in dem Sinne, in dem Kant deutschen Idealismus von einem solchen zu reden gelehrt hat: eine letzte Lebenszuversicht, ein unableitbares Vertrauen des Geistes zu sich selbst und seiner Wahrheit. Auf allen Gebieten des geistigen Lebens tut sich dieser Glaube kund. Ohne ihn ist weder das Schaffen des Künstlers, noch das Handeln des Staatsmannes denkbar. Die Wissenschaft mag in mancherlei Formen ihn verwirklicht finden und sie mag in mancherlei Zungen von ihm reden — als deutsche Wissenschaft hat sie immer wieder, nach kurzen Irrungen, sich zu ihm zurückgefunden. Sie mag ihn in sich selbst wieder abstufend gliedern, auch seine, zuletzt einheitliche, Wurzel aufzudecken suchen. Dem wollen wir heute nicht folgen. Uns genüge der Hinweis darauf, daß an unseren deutschen Universitäten Kritik und idealistischer Glaube immer wieder in unlösbarem Bunde aufgetreten sind. Zu dieser Verbindung führen wir unsere Studenten hin, gewiß, daß es in dieser Verbindung sich frei atmen und kräftig leben läßt, und gewiß darum auch, daß in dieser Verbindung die ethischen Lebensgüter der Nation, zu deren Dienst die Schüler der Hochschule berufen sind, ihre sichere Begründung und ihren dauernden Halt finden werden.

Die sozialen Einrichtungen Frankfurts.

Von Professor Dr. Ph. Stein.

Frankfurt hatte vor 100 Jahren 42000 Einwohner und in der langen Zeit bis zur Einverleibung in den preußischen Staat im Jahre 1866 nahm es nur um 34000 Einwohner zu. Sein schnelles Wachstum beginnt erst mit dem Ende seiner politischen Selbständigkeit. Es wurde aus einer freien Reichsstadt eine preußische Kreisstadt, aber damit zugleich auch Glied einer großen Volkswirtschaft und eines großen Staates. 1875 erreichte es das erste Hunderttausend, 19 Jahre später kam es dicht an das zweite Hunderttausend heran, in das es 1895 durch die Eingemeindung von Bockenheim rasch hineinwuchs. Bereits 7 Jahre später wurde das dritte Hunderttausend erreicht, und die Eingemeindungen des Jahres 1910 dehnten nicht bloß das Gebiet Frankfurts über das Herrschaftsgebiet der alten freien Reichsstadt hinaus, sondern hoben die Bevölkerungsziffer auf rund 410000.

Das alte Frankfurt war eine sozial einheitliche Stadt. Die Bewohner fühlten sich als eine große Familie, die in bescheidener Wohlhäbigkeit ihre Tage verbrachte. Diese Stadt, die ihrer Einwohnerzahl nach nicht wesentlich größer war als das heutige Hanau, kleiner als das Offenbach von heute, war und fühlte sich aber als Trägerin einer großen Geschichte, sie war die Stadt der Kaiserkrönungen, kurze Zeit zweite Hauptstadt eines Großherzogtums, Sitz des Bundestages, das Domizil zahlreicher Gesandten. Wichtiger aber war ein anderes: Das Frankfurt der damaligen Zeit war ein wichtiger Durchgangspunkt für den Handel aus aller Herren Länder und Mittelpunkt bedeutenden Geldverkehrs, eine wirtschaftlich mächtige Stadt, in der starker Reichtum angesammelt war, der für alle möglichen Handels- und politischen Geschäfte die metallische Unterlage abgab. Frankfurt war eine der großen Geldmächte, für den ganzen deutschen Handel und viele deutsche und europäische Fürsten und Staaten der große Geldverleiher.

Das Frankfurt nach 1866 sieht ganz anders aus. In vierzig Jahren wuchs die Bevölkerung um das Vierfache. Hand in Hand vollzieht sich dies mit dem Wandel der wirtschaftlichen Stellung der Stadt. Durch Emporwachsen anderer Industriegegenden und Städte, wie Rheinland, Westfalen, Schlesien, Berlin, wurde Frankfurt aus seiner Lage als einer der wichtigsten Handelsdurchgangspunkte verdrängt. Die Münzeinheit nahm dem Geldwechselgeschäft den Boden. Wohl hätten die großen privaten Bankgeschäfte Frankfurts auch unter den veränderten Verhältnissen Frankfurts Kapitalkraft zur Erhaltung und Steigerung seiner wirtschaftlichen Macht ausnutzen können. Sie wichen aber vor der immer stärker wachsenden Macht der Groß-Aktienbanken zurück, wurden in den Hintergrund gedrängt und wurden vielfach vorwiegend zu großen Vermögensverwaltungen, soweit sie nicht gar in den Aktienbanken aufgingen. Die Frankfurter Börse wurde zur Berliner Vor- und Nebenbörse.

Frankfurt war stark in Gefahr, in den Winkel zu geraten. An Industrie hatten wir sehr wenig; was da war, war nicht durch die natürliche Lage der Stadt natürlich geworden. In dieser Gefahr stellten einsichtige Männer das Steuer vom Handel auf die Industrie um. Der Hafen wurde gebaut, der Main kanalisiert. Die elektrische Ausstellung schloß mit einem vollen und dauernden Erfolg. Eine große bedeutende Industrie entstand.

Dieser Entwickelung kam eine andere entgegen. Die Oeffnung der Stadttore brachte viele Menschen nach Frankfurt, aber ganz andere Menschen als die früheren; keine vermögenden, sondern vermögenslose, arbeitslustige und arbeitsfähige. Die Arbeitermassen, die für so beweglich gehalten werden, überlassen sich in ihren Wanderungen nicht dem Zufall, sie wandern mehr oder minder in bestimmten Zügen. Jede Stadt wird einmal so werden, wie ihre Zuwanderung ist. Frankfurt, ehemals eine hessische, genauer gesprochen eine wetterauische Stadt, da der Zuzug von dort kam, beginnt heute eine süddeutsche Stadt zu werden. Damit nimmt die katholische Bevölkerung stärker zu als die andere. Die jüdische Bevölkerung nimmt verhältnismäßig ab. Diese Entwickelung läßt sich über ihre wirtschaftlichen und sozialen Wirkungen überall hin verfolgen.

1858 stammten von den nicht in Frankfurt gebürtigen Einwohnern Frankfurts aus

Hessen-Darmstadt .	9447	= 30,67 %
Kurhessen	5722	= 18,52 „
Nassau	5478	= 17,75 „
Bayern	3146	= 10 „
Württemberg . . .	1088	= 3,52 „
Baden	1077	= 3,49 „

Dagegen betrug die Zuwanderung aus

	1880	1900
Hessen-Nassau . .	26 000	45 000
Hessen-Darmstadt .	19 000	34 000
Bayern	9 600	25 000
Württemberg . .	3 600	11 000
Baden	4 000	10 000

Frankfurt zählte	1871	1905
Evangelische . .	56 000	202 000
Katholiken . . .	23 000	106 000
Juden	10 000	23 000

Im Wohnungswesen wachsen die Kleinwohnungen. Interessant und erfreulich dabei ist, daß an Stelle der Einzimmerwohnung, die einst die Kleinwohnung war, die Zweizimmerwohnung als die typische Arbeiterwohnung und die Dreizimmerwohnung als die Mittelstandswohnung tritt.

Wohnungen	1871	1905
Einzimmer	5 484 = 32 %	5 441 = 7,9 %
Zweizimmer	3 500 = 20,4 „	22 000 = 30,5 „
Dreizimmer	2 500 = 14,3 „	23 000 = 31,9 „
4 und mehr Zimmer .	5 700 = 33,4 „	22 000 = 30,2 „
	17 184	72 441

Nach den Berufszählungen war die Zahl

	1882	1907
der Arbeiter		
in Industrie . .	15 600	51 000
im Handel . . .	9 700	27 600
der Angestellten		
in Industrie . . .	980	8 200
im Handel . . .	37 000	10 300

Aber mit dieser Entwickelung verschwindet das alte Frankfurt nicht; es ändert sich zwar, aber das alte Frankfurt löst sich nicht auf, es bleibt Fundament und Mittelpunkt. Frankfurt bewahrt auch in seiner modernen Ausgestaltung seine Eigenart im Zusammenwachsen alter und neuer Elemente. Ein Bild und Beispiel hierfür bildet der Stadtplan. Jede Stadterweiterung legt sich gleichsam in Jahresringen um die Altstadt mit dem Main als Durchmesser. Er und die Zeil bleiben die Grundlinien, auf denen Frankfurt sich aufbaut.

Auch die Frankfurter Wohlfahrtspflege wächst aus der alten Stadt heraus, die Stadtgemeinde und Kirchengemeinde zugleich war. Beide fühlten sich damals eins. Zuerst war die Kirche die Trägerin der Wohlfahrtseinrichtungen. Wenn damals jemand etwas stiften wollte, so war es ein Spital, ein Almosenkasten oder eine Familienstiftung. Bereits im alten Frankfurt bestand eine Vielseitigkeit und ein Vielerlei von wohltätigen Stiftungen und Vereinen. 1807 schrieb Freiherr von Eberstein an den Fürst Primas, nirgends gäbe es reichere Fonds, aber nirgends würden sie unzweckmäßiger verwaltet als hier in Frankfurt. 1809 setzte der Fürst Primas eine allgemeine Armenkommission ein, den Ursprung unseres Armen-Amtes.

Nachdem Senckenberg 1763 das Spital geschaffen, das als Krankenhaus und Unterrichtsanstalt zugleich gedacht war, entwickelte sich ein neues Wohlfahrtsleben, das erst recht einen ganz anderen Charakter annahm, als das neue Jahrhundert neue Ideen gebar. Unsere Väter vor 100 Jahren waren von Idealismus und Hoffnungsfreudigkeit getragen, die sich in einer Menge von wohltätigen Gründungen auslebte. Eine ganze Anzahl von Hundertjahrfeiern der nächsten Zeit werden uns dies zeigen und werden zugleich die innere Gesundheit dieser Gründungen beweisen. Als Führer der Periode von 1834—1880 steht ein Mann da, der immer in Ehren genannt werden wird, der Arzt Dr. Varrentrapp.

Einen neuen Aufschwung im sozialen Leben der Stadt brachte die Zeit um 1859. Es entstanden das Hochstift, Schützenvereine, Turnvereine, die Genossenschaften entwickelten sich wie die Gewerbekasse, die Bockenheimer Volksbank u. a. m. Das Volk erwachte zu neuem Wirtschafts- und politischem Wesen. Zu Ende des Jahrhunderts treten die jüngsten Frankfurter Schichten, die Arbeiter und Angestellten auf den Plan und gründen Gewerkschaften und Berufsvereine, Baugenossenschaften, Konsumvereine, kaufmännische und andere Organisationen bilden sich. Eine neue Blüte des freien Vereinslebens hebt an. Die Stadtverwaltung tritt ein in die soziale Arbeit. 1888 wurden die ersten städtischen Mietwohnungen hergestellt. Es entstanden das Gewerbegericht, der Arbeitsnachweis usw.; die soziale Frage stellt eine Fülle neuer Aufgaben, bei dem städtisches und privates Leben sich in die Hand arbeiteten; es sei nur auf das Wohnungswesen, auf die Volksbildung, auf die Fürsorge für Kinder und Jugendliche hingewiesen.

Auf den ersten Blick erscheint diese Entwicklung wie der heutige Zustand systemlos. In Wirklichkeit tritt das Gegenteil hervor; einheitliche Züge weisen der Entwicklung den Weg. Ihr Charakter wird bestimmt 1. durch die nach Zeit und Umständen fortschreitende Inangriffnahme neuer Arbeitsfelder. 2. Von reiner Wohltätigkeit entwickelte sie sich zur Wohlfahrtspflege, zur sozialen Arbeit. 3. Im Zusammenhang hiermit wird der Betrieb der Wohlfahrtsarbeit systematisch ausgestaltet sowohl durch Arbeitsteilung in den Arbeitsgebieten wie durch Ausbildung der Arbeitsmethoden. 4. Stadt, Wohlfahrtsvereine und Selbsthilfeorganisationen arbeiten im engen Zusammenhang. 5. In der freien Vereinsarbeit entwickelt sich ein soziales Berufsbeamtentum, die an der Spitze sozialer Geschäftsstellen stehen.

Diese 5 Elemente bilden das, was man ohne Lokalpatriotismus als das Frankfurter System der Wohlfahrt-Arbeit bezeichnen kann.

Akademiker und Volksbildung.

Von Oberlehrer Dr. Fr. Gagelmann, Frankfurt a. M.

In den letzten Jahren ist die Sorge für die Erwachsenen von der Sorge für die Jugend stark in den Hintergrund gedrängt. Hinter der Arbeit für die körperliche Ertüchtigung unserer Jugend muß dabei vielfach die geistige Ertüchtigung unseres ganzen Volkes Not leiden. Während die Jugendpflege zu einer Sache der Allgemeinheit geworden ist, hat die Arbeit an der geistigen Ausbildung unseres Volkes, die Volksbildungsarbeit, noch nicht das Glück gehabt, zu einer Bewegung unserer ganzen Nation zu werden. Deshalb muß immer und immer wieder darauf gedrängt werden, daß sie nicht gegenüber anderen Bewegungen vernachlässigt wird.

Der Begriff der Volksbildung ist ebenso schwer vollständig zu fassen, wie der Begriff der Bildung überhaupt, denn er ist veränderlich mit der Zeit und verschieden von Nation zu Nation, und er ist nichts Abgeschlossenes, auch nichts Abschließbares, sondern ein Ideal. Er deckt sich durchaus nicht mit dem Begriff Gelehrsamkeit. Die Bildung, die als das allgemeine Ziel der ganzen Menschheit erstrebt werden soll, läßt sich vielleicht bezeichnen als der Ausbildungszustand des menschlichen Geistes, der den Menschen in den Stand setzt, das geistige Leben seiner Umwelt zu verstehen und an ihm teilzunehmen. Aus diesem Zustand folgt ohne weiteres geistige Freiheit und Selbständigkeit gegenüber den Meinungen anderer, aber auch ein Bewußtsein von den Grenzen der eigenen Erkenntnisfähigkeit.

Die Ausbildung dieses Zustandes kann die Volksbildungsarbeit nicht durch bloßes Uebermitteln von Kenntnissen erreichen, sondern es gehört dazu eigenes Mitarbeiten und Selbsterwerben, wobei sie die Wege zu weisen hat. Dazu muß zunächst das Bedürfnis nach geistiger Ausbildung geweckt werden und ein Sehnen nach Anteil an den edlen Gütern unserer Kultur, und das nicht nur im Arbeiter, dem die Sorge um das tägliche Brot keine Zeit zur Weiterbildung gelassen hat, sondern auch im Spießer, der vor Bequemlichkeit nicht dazu gekommen ist. Allerdings erhebt sich da die Frage, ob es recht ist, Leute aus einem Zustand, in dem sie sich wohl fühlen, herauszureißen. Ein solches Herausreißen wäre ein Unrecht, wenn dieser Zustand wirklich vorhanden wäre. Die oft gepriesene Dorfgemeinschaft der alten Zeit weist in dem Bauern, der voll Verständnis für das geistige Leben seiner völlig abgeschlossenen Umgebung und in tatkräftiger Mitarbeit fest und sicher in ihr dastand, einen abgerundeten Bildungszustand auf, der den Verhältnissen seiner Zeit als völlig angemessen zu bezeichnen ist. Aber diese Verhältnisse sind verschwunden und kehren nicht wieder. Nach allen Seiten hin ziehen sich von den früher geistig selbständigen Gemeinschaften die Fäden nach anderen Welten, und die Kenntnis anderer Kulturgüter und das Bedürfnis nach ihnen ist überall eingedrungen. Leider sind es nicht immer die edlen Güter, nach denen die Wünsche erwacht oder von interessierter Seite erweckt sind. Da schon erhebt sich vor uns die Notwendigkeit, wahre Bildung und damit die Fähigkeit zu verbreiten, Gut und Schlecht zu unterscheiden, und dazu schon heißt es, Erkennen und Denken auszubilden.

Zu dieser Arbeit soll uns aber auch noch der Blick auf praktische, nationale Vorteile veranlassen. Unsere Tätigkeit wird zum sozialen Ausgleich dienen, denn sie wird noch nicht als ein Almosen oder als ein zu beanspruchendes Recht angesehen. Sie beseitigt im Arbeiter das Zerrbild des Gebildeten und in diesem die falsche Vorstellung und häufige Unterschätzung vom Geistesleben des werktätigen, nicht weiter gebildeten Mannes. In sittlicher Hinsicht hat die Statistik einwandfrei festgestellt, daß die Kriminalität mit der Bildung abnimmt, daß sie sich mindert mit der größeren Bildung der einzelnen Stände, der verschiedenen Gegenden eines Landes und der verschiedenen Nationen. In wirtschaftlicher Hinsicht sagen die Erfahrungen vieler Industrieller übereinstimmend, daß der Arbeiter mit steigender Allgemeinbildung leistungsfähiger wird. Unsere Nation wird durch die steigende Konkurrenz auf dem Weltmarkt immer mehr zur Qualitätsarbeit gedrängt und hat deshalb ein Lebensinteresse an der Ausbildung ihrer Glieder. Die gebildete Hausfrau ferner kann rationeller wirtschaften und Nationalvermögen sparen. Schließlich weiß man beim Militär, daß Ausdauer und Energie ebenfalls mit der Bildung wachsen. Aber diese praktischen Vorteile dürfen nie, besonders nicht im Einzelnen, zum Hauptziel unserer Bildungsarbeit werden, sondern das Ideal muß die persönliche Bildung des Menschen selber bleiben. Die anderen Früchte werden dann von selbst reifen und der Nation in den Schoß fallen.

Wenn so unsere Bildungsarbeit keinen Sonderzielen untergeordnet sein soll, so erwachsen ihr sowohl aus der klaren Erkenntnis dieses Standpunktes, als auch aus seiner Unkenntnis die verschiedensten Gegner. Da ist einmal die Sozialdemokratie zu nennen. Sie ist allerdings keine Gegnerin der Bildung an sich und weiß deren Wert vielmehr sehr wohl zu schätzen, aber sie sieht in ihr in der Hauptsache ein Mittel zur Stärkung und Ausbildung für den Klassenkampf und will die Bildungsarbeit am Arbeiter diesem Ziele untergeordnet wissen. In der Praxis ist die Sache nicht so schlimm, und man findet durchgängig in den Arbeiterkreisen ein starkes Interesse auch für Wissensgebiete, deren Kenntnis durchaus keine Vorteile für diesen Kampf bietet.

Weitere Gegner finden wir in den Feudalherren jeder Art, in dem wirtschaftlich Feudalen, der meint, daß der Arbeiter durch Bildung nur anspruchsvoller werde, im gesellschaftlich Feudalen, der meint, daß der Verkehr mit Leuten niederer Stände beschmutze, im patriotisch Feudalen, dem jeder Verkehr mit Sozialdemokraten als Vaterlandsverrat erscheint, und auch im wissenschaftlich Feudalen, der in jeder Popularisierung der Wissenschaft eine Schändung erblickt. Die ersteren richten sich von selbst, die letzteren wollen wir darauf aufmerksam machen, daß durch Bildungsarbeit der Wissenschaft die ihr gebührende Achtung verschafft wird.

Dann müssen wir uns den Gegnern in den kirchlichen Lagern zuwenden, die in der Volksbildungsarbeit eine Gefahr für das kirchliche Leben sehen und sie abwehren. Ihre Gegnerschaft stammt einmal aus der Annahme, daß Religion und Wissenschaft, Frömmigkeit und klares Denken unvereinbare Gegensätze seien, dann aber auch aus der Furcht vor Halbbildung, die allerdings oberflächlich und absprechend gegen jede, auch die beste Ueberlieferung macht. Dagegen müssen wir erwidern, daß für Halbbildung die moderne Zeit schon hinreichend gesorgt hat und unsere Arbeit daran nur bessern kann. Jeder religiöse Standpunkt, soweit er durch Suchen erkämpft ist, ist mit Bildung zu vereinbaren, wie die vielen hochgebildeten Männer beweisen, die in allen kirchlichen Lagern stehen. Furcht muß nur die Frömmigkeit der Faulen und eigentlich Unreligiösen haben, die „stumpfsinniges Nachbeten alter Formeln und dumpfe Gewohnheit" ist, und dieser kann ein Aufrütteln nur gesund sein. Das Aussterben von alten Sitten und Gebräuchen durch Eindringen neuer Lebenshaltung läßt sich trotz aller Bemühungen nicht verhindern, und da ist es nur gut, wenn unser Volk zum Ersatz das Edle kennen lernt, was große Männer in Kunst, Religion und Lebensführung geschaffen haben.*)

Wie nun Volksbildungsarbeit getrieben wird, das können wir hier nur ganz kurz andeuten. In Volksvorlesungen werden alle Wissensgebiete behandelt, man braucht sich vor keinem zu scheuen, auch nicht vor begründeter, persönlicher Stellungnahme zu Fragen, über die man verschiedener Meinung sein kann. Kunstdarbietungen gibt es an Unterhaltungsabenden. Gute Konzerte, Rezitationen, Theater usw. haben schon aus vielen Dörfern das Couplet verdrängt. Durch Museumsführungen, Ausstellung und Verkauf guter Bilder ist schon mancher Schund durch Besseres ersetzt. Durch Bibliotheken werden gute Bücher ins Haus gebracht. Heimatforschung, Heimatspaziergänge, das Heimatmuseum erwecken Liebe zur Heimat. Arbeiterurlaubsreisen, Volksakademien und die Einführung der Volkshochschule, die in den nordischen Ländern in hoher Blüte steht, gehören ebenfalls zum Programm. Ebenso gehört dazu die Berücksichtigung praktischer Fragen, Einrichtung von Kochkursen, Haushaltungskursen usw., durch welche das wirtschaftliche Leben unserer werktätigen Bevölkerung verbessert werden kann.

So ist das Arbeitsgebiet ein vielseitiges, und wir brauchen Mitarbeiter aus allen gebildeten Kreisen, die ein Herz für das Volk haben und die Gabe, ihre Bildung weiterzugeben. Die Führung in unserer Arbeit aber gehört dem Akademiker, der sein Fach übersieht, und der durch eigenes Forschen bis an die Probleme vor-

*) S. E. Fuchs. Volksbildung und Religion. Die Volkskultur Bd. 6. Leipzig. Quelle u. Meyer.

gedrungen ist, die hinter den feststehenden Tatsachen liegen. Der populärwissenschaftliche Vortrag erfordert nämlich einen eigenartigen Aufbau. Die Hörer kommen in ihn hinein mit der Absicht, ein Verständnis für einzelne Punkte der Peripherie unserer Wissenschaft zu erfahren, sagen wir einmal über Funkentelegraphie. Da ist es nun vollständig unmöglich, an einem oder auch an mehreren Abenden die ganzen Grundlagen zu schaffen und ein vollständiges Lehrgebäude, in diesem Falle der Elektrizität, aufzubauen und dann zur Funkentelegraphie zu führen, wie das im schulmäßigen Unterricht gemacht wird. Um im Bilde zu bleiben, kann man vielmehr nur einige Blöcke von dem Fundament des Lehrgebäudes hinlegen und muß von diesen auf wenigen Stützen zu einem der Gipfelpunkte des Gebäudes führen. Das kann nur der richtig ausführen, der die genaueste Kenntnis und Uebersicht des ganzen Gebäudes und seiner innersten Konstruktion hat, denn er darf nicht ohne Kenntnis des ganzen Plans bauen, da ja neben ihm weiter ausgebaut werden soll. Diese Uebersicht ist weit wichtiger als die beste Kenntnis der Methodik des Unterrichts.

In dem zu behandelnden Wissensgebiete dürfen wir uns nicht auf die elementarsten Stufen beschränken, sondern wir müssen unsere Hörer an die Peripherie und an die Probleme führen, einmal weil sie sonst nicht in unsere Vorträge kommen würden, dann aber auch, weil wir ihnen nicht nur Wissensstoff bieten, sondern sie auch zum Denken anregen wollen. Wenn wir aber damit nicht die Gefahr der Halbbildung heraufbeschwören wollen, müssen wir den Hörern Klarheit verschaffen über die Grenzen zwischen Hypothesen und Tatsachen. *In der Erkenntnis der Tragweite der Hypothese liegt der Kern des wahren Wissens*, der beste Schutz gegen Ueberhebung und Halbbildung, im Verwischen der Grenzen liegt die falsche Popularisierung der Wissenschaft, die schon so unermeßlichen Schaden angerichtet und verschuldet hat, daß weite Kreise unserer Bildungsarbeit nicht freundlich gegenüberstehen. Wer den Hypothesen und Tatsachen gegenüber keine ehrliche Stellung innehalten will oder kann, der taugt nicht zum Volksbildner; aber in der ehrlichen Stellungnahme können wir auch alle strittigen Fragen sozialer, politischer und religiöser Art ohne Bedenken und ohne Kränkungen behandeln. Wer das tun will, muß sich aber selber durch eigene Arbeit mit den Hypothesen auseinandergesetzt und Klarheit errungen haben.

Und so folgere ich aus allem, daß der Akademiker auf Grund seiner wissenschaftlichen Ausbildung der an erster Stelle berufene Volksbildner ist. Das legt ihm aber auch die *Pflicht* auf, seine Stellung einzunehmen und sich an die ihm zukommende Arbeit zu machen. Aber nicht nur dieses ethische Moment und das Bewußtsein, zu helfen, wo Not ist, soll uns zu dieser Arbeit veranlassen, wir werden in ihr unsere eigenen Kenntnisse von Menschen und Verhältnissen erweitern, wir werden zur klaren Auseinandersetzung mit wissenschaftlichen Fragen veranlaßt, und wir werden ein dankbares und befriedigendes Arbeitsfeld finden. Dem

Oberlehrer wird dabei noch der Verkehr mit den Erwachsenen einen Ausgleich für sein sonstiges fortwährendes Zusammenarbeiten mit Nichterwachsenen bieten.

Betätigen kann man sich überall. An Orten, wo Volksbildungsarbeit im Gange ist, schließe man sich an die betreffenden Vereinigungen an, stelle sich als Mitarbeiter zur Verfügung und beteilige sich an der Organisationsarbeit. An Orten ohne Volksbildungsarbeit, seien sie klein oder groß, nehme man Fühlung mit anderen Personen, bei denen Interesse vorhanden ist oder geweckt werden kann, und suche einen Ortsausschuß dafür ins Leben zu rufen. Rat und tatkräftige Beihilfe dazu geben die großen Volksbildungsverbände, von denen in der Hauptsache für die Umgebung von Frankfurt a. M. der Rhein-Mainische Verband für Volksbildung in Frankfurt a. M. und für Gesamtdeutschland die Gesellschaft für Verbreitung von Volksbildung in Berlin in Betracht kommen.

Was gilt aber nun davon für den Studenten? Eigentlich alles, denn er wird ja auch einmal in selbständigem Beruf mitten im Leben stehen. Vorläufig aber noch nicht alles, denn er ist ja eben noch im Begriff, sich mit den Hypothesen auseinanderzusetzen. Die Veranstaltung von wissenschaftlichen Vorträgen durch Studenten ist fehlgeschlagen und man ist allgemein davon abgekommen (Tagung des Verbandes für volkstümliche Kurse deutscher Hochschullehrer 1903). Dafür aber hat sich für die Studenten ein erfolgreiches Arbeitsgebiet in den sogenannten studentischen Unterrichtskursen eröffnet, in welchen Arbeiter in die Elementarfächer eingeführt werden. An fast allen Universitäten und technischen Hochschulen bestehen solche Kurse; meistens sind sie in den Händen der freien Studentenschaft und leider nur selten beteiligen sich Korporationsstudenten an ihnen. Die Mitglieder unserer wissenschaftlichen Verbindungen fordere ich auf, in der Beteiligung an diesem Zweige unserer Volksbildung eine Pflichtaufgabe zu erblicken, denn trotz allem Idealismus, der in unserer Studentenschaft herrscht, wird von fast allen Universitäten ein Mangel an guten Lehrenden gemeldet. Es ist also auch hier Not und eine dankbare Aufgabe harrt ihrer Erfüllung.

Wir erwachsenen und heranwachsenden Wissenschaftler wollen aber mit der Volksbildungsarbeit einen schuldigen Dank abstatten an die Wissenschaft, die unser Leben zu dem gestaltet hat, was es ist. Wenn auch rings um uns mancher Stand seine Arbeit in wirtschaftlicher und sozialer Hinsicht oft weit besser gelohnt sieht, so haben wir doch in der Wissenschaft etwas, was uns über alle anderen Ungleichheiten emporhebt, wir haben ein Ideal, zu dem wir stolz emporblicken dürfen. **Ehrliche Achtung und wahre Selbstbefriedigung aber kann nur der erwerben, der seine Lebensaufgabe darin sieht, seinen Mitmenschen die Blicke auf die von ihm als das Höchste erkannten Ideale zu eröffnen.**

GPSR Compliance

The European Union's (EU) General Product Safety Regulation (GPSR) is a set of rules that requires consumer products to be safe and our obligations to ensure this.

If you have any concerns about our products, you can contact us on ProductSafety@springernature.com

In case Publisher is established outside the EU, the EU authorized representative is:

Springer Nature Customer Service Center GmbH
Europaplatz 3
69115 Heidelberg, Germany

Batch number: 10815964

Printed by Printforce, the Netherlands